中等职业教育规划教材

化工识图

第二版

董月芬　主编
赵少贞　主审

·北京·

内 容 简 介

本书采用模块式结构，共分五个模块。主要内容包括化工识图的基本知识、化工设备图的识读、工艺方块图的绘制与识读、PFD 图和 PID 图的识读、管道单线图的识读。涵盖了化工图样识读的相关知识点。每个模块由若干课题组成，下设若干教学活动，教学活动以完成知识点的学习为主线，串联各个化工图样识读的相关知识内容。教学活动中有能力目标、活动内容、即学即练等栏目。学习目标明确，按照由简单到复杂的认知规律，符合职业教育的认知规律和学习者的学习心理特点。为方便教学，配套了视频，读者可扫描书中二维码对应观看。另外，配套电子课件（下载网址 www.cipedu.com.cn）。

本书可作为中等职业院校相关专业的教材，也可作为相关人员的培训用书和参考书。

图书在版编目（CIP）数据

化工识图/董月芬主编. —2 版. —北京：化学工业出版社，2022.1（2024.6重印）
中等职业教育规划教材
ISBN 978-7-122-40093-2

Ⅰ.①化… Ⅱ.①董… Ⅲ.①化工设备-识图-中等专业学校-教材 Ⅳ.①TQ050.2

中国版本图书馆 CIP 数据核字（2021）第 207590 号

责任编辑：韩庆利
责任校对：边　涛　　　　　　　　　　　　装帧设计：王晓宇

出版发行：化学工业出版社（北京市东城区青年湖南街 13 号　邮政编码 100011）
印　　装：大厂聚鑫印刷有限责任公司
787mm×1092mm　1/16　印张 7½　插页 4　字数 149 千字　2024 年 6 月北京第 2 版第 3 次印刷

购书咨询：010-64518888　　　　　　　售后服务：010-64518899
网　　址：http://www.cip.com.cn
凡购买本书，如有缺损质量问题，本社销售中心负责调换。

定　　价：24.00 元

第二版前言

为了适应目前化工发展对中等职业教育及职工教育培训的需要，结合近几年的教学要求及新的化工制图标准，本书在第一版的基础上进行了修订。书中注重理论联系实际，结合课程思政目标，紧密围绕化工生产的实际，由浅入深、由易到难地提出问题、分析问题、解决问题，并列举了生产中的工程实例。在文字表述方面力求做到用语通俗易懂；图例、表格清晰；术语、名词及符号符合新规定。

教材编写过程中，加重了针对管道各种图样的原理与方法的介绍，如管道的平面图、轴测图和剖视图及与之相应的厂房建筑图，也着重介绍了管子、管件附件、设备构筑物等的图示方法，以便能顺利地识读好工艺方块图、工艺流程图、管道布置图、设备布置图等图样。

本书编者总结了多年的教学经验和了解了中等职业教育的学生迫切需要的识图知识，参考了同类型的教材，扬长避短，在既具有本书特色又能通俗易懂、全面和实用的原则的指导下，编写了本书，力争做到内容精练，深浅适度，突出技能，结构合理。编写中参考了《化工工艺设计施工图内容和深度》（HG 20519—2009）、《房屋建筑制图统一标准》（GB/T 50001—2017）、《总图制图标准》（GB/T 50103—2010）作为本书的依据。

此次编写涉及的工程实例，多采用化工企业生产及管理中的新标准、新技术、新工艺、新设备等方面的内容。同时，为了授课的方便和读者更好地理解和掌握图书内容，在每模块末均附了小结、教学建议与思考练习。

本次修订，主要做了以下几方面的工作：

1. 明确了每个模块的知识目标、能力目标和素质目标。

2. 增加了每个教学活动的即学即练，使课程教学内容与练习内容更好对接。

3. 增加了部分实例分析，化工识图更有针对性。

4. 根据新的国家标准，对书内的相关标准进行了更新。

5. 增加了视频，读者可扫描书中二维码对应观看。

本书内容由绪论、基础部分、化工识图、附表和附图组成。基础部分，即模块一（化工识图的基本知识）；化工识图部分，包括模块二（化工设备图的识读）、模块三（工艺方块图的绘制与识读）、模块四（PFD 图和 PID 图的识读）、模块五（管道单线图的识读）。

本书编写分工如下：绪论、模块一由石家庄职业技术学院董月芬和张丽云编写，模块二由石家庄鹿泉职教中心聂延敏和石家庄职业技术学院刘浩编写，模块三由柳州化工技工学校刘洪波和石家庄职业技术学院关亚鹏编写，模块四由辽宁省本溪市化学工业学校郭宏林和石家庄职业技术学院关亚鹏编写，模块五由石家庄职业技术学院关亚鹏编写。教材全部的电子课件和教学视频由石家庄职业技术学院张丽云编辑制作。主编由董月芬担任，主审由赵少贞担任。

由于我们水平有限，书中不足之处恳请各位读者批评指正。

编　者

目录
CONTENTS

绪论

模块一　化工识图的基本知识

课题　化工工程图绘图原理的认识 / 003
　一、化工工程图的绘图原理 / 003
　二、化工工程图的基本知识 / 006
小结 / 015
教学建议 / 015
思考与练习 / 015

模块二　化工设备图的识读

课题一　化工设备的认识 / 018
　一、化工设备结构特点 / 018
　二、化工设备图的作用及内容 / 025
课题二　化工设备图的图示方法 / 027
　一、化工设备图的图示特点 / 027
　二、化工设备图的尺寸标注 / 034
　三、化工设备图的其他组成 / 038
课题三　化工设备图的识读 / 040
　一、化工设备图工程实例 / 040
　二、化工设备图的识读方法 / 040
　三、化工设备图的识图分析 / 041
小结 / 048
教学建议 / 048
思考与练习 / 048

模块三　工艺方块图的绘制与识读

课题一　化工生产的认识 / 051

课题二　工艺方块图的绘制 / 052
　　一、工艺方块图的图示方法 / 052
　　二、工艺方块图的绘制 / 053
课题三　工艺方块图的识读 / 054
　　一、工艺方块图工程实例 / 054
　　二、系统工艺方块图的识读方法 / 054
　　三、系统工艺方块图的识读分析 / 055
小结 / 056
教学建议 / 056
思考与练习 / 056

模块四　PFD 图和 PID 图的识读

课题一　化工生产工艺流程的认识 / 059
　　一、化工生产工艺流程概述 / 059
　　二、系统设备、控制件及仪表控制点的组成 / 059
　　三、工艺流程图的实例 / 062
课题二　PFD 图的图示及识读 / 062
　　一、PFD 图的基本知识 / 062
　　二、PFD 图的表示方法 / 062
　　三、PFD 图的识读顺序和方法 / 063
　　四、PFD 图识读分析 / 063
课题三　PID 图的图示及识读 / 065
　　一、PID 图的基本知识 / 065
　　二、PID 图的表示方法 / 065
　　三、PID 图的识读顺序和方法 / 070
　　四、PID 图的识读分析 / 071
小结 / 072
教学建议 / 073
思考与练习 / 073

模块五　管道单线图的识读

课题一　化工管路的认识 / 076
　　一、化工管道的结构组成 / 076
　　二、管子的材料分类 / 077
课题二　管道单线图的图示 / 078

　　一、管道平面布置单线图的图示 / 078

　　二、管道轴测单线图的图示方法 / 086

　　三、管道剖视图的图示方法 / 093

　　四、管道的交叉与重叠的图示方法 / 094

　课题三　管道单线图的识读 / 097

　　一、管道单线图的工程实例及工程说明 / 097

　　二、管道单线图的识读顺序和方法 / 097

　　三、单线图的识读分析 / 100

小结 / 100

教学建议 / 101

思考与练习 / 102

附表

附表 1　管道及仪表流程图上常用阀门图例
　　　　（HG/T 20519—2009） / 106

附表 2　管道及仪表流程图上常用管子及附件图例
　　　　（HG/T 20519—2009） / 106

附表 3　管道及仪表流程图上设备机械常用图例
　　　　（HG/T 20519—2009） / 107

附表 4　管道布置图上常用管子及附件图例
　　　　（HG/T 20519—2009） / 108

附表 5　管道系统轴测图常用的管件和术语的缩写词 / 109

参考文献

绪 论

1. 化工识图课程学习意义

化工识图课程在中职类化工工艺专业学生学习中，属于必修的专业基础课。中等职业教育培养目标的定位是一线的技术技能人才，依据这一培养目标，培养学生的知识特点是工程知识高于化学理论，识图能力高于制图能力。化工识图课程涉及后续专业课程的学习，因此识图技能的掌握与否真正体现了学生未来的职业能力。

课程介绍

2. 学习内容

本教材介绍了化工工艺专业一线技术生产人员必须掌握的化工识图方面的知识，主要内容分为：第一部分化工识图的基本知识，即模块一，介绍图样的内容、图示的原理等；第二部分化工识图包括化工工艺图和化工设备图两部分，即模块二到模块五，用于培养学生识读化工工程专业图样的能力。

3. 学习方法

本课程是理论与实际联系的桥梁。教材的第一部分为基本知识，宜采用课堂教学，建议以工程图纸为教具。第二部分为识图部分，宜采用提倡的行为导向法，先安排一定课时的参观和现场教学，或以实物模型为教具，明确学习目标，再进行课堂教学，通过即学即读检验和巩固所学知识。

模块一 化工识图的基本知识

学习目标

 知识目标

1. 了解工程图绘制的基本原理、表示方法；
2. 熟悉工程图绘制的基本要求和常用标准；
3. 熟悉工程图绘制的常用术语。

能力目标

1. 能应用制图标准，识读相关工程图纸；
2. 知道图纸标识的图例和标注的含义。

 素质目标

1. 通过学习识图的基本知识，培养学生严谨的规则意识；
2. 培养具备团队意识，精益求精的工作作风。

导语

本模块主要介绍工程图绘制的基本原理和表示方法、绘制常用的标准和图例等，通过学习掌握识读工程图的基本方法。本模块重点是化工图纸绘制的原理和表示方法，难点是将绘图的基本原理和基本要求应用到图纸识读中。

各种工作岗位都需要与人交流，工程上是借助于图纸作为交流工具，可以说图是一种工程语言。设计人员通过图纸传递他的思路及意图，生产中看懂图纸是一项基本技能。正如日常生活中与人交流需要有一定的词汇，清楚语法一样，工程技术上，要想掌握识读图纸的技能，也应该清楚绘图的规则和规定画法，因此应了解制图的原理，熟悉图的表达方式。

化工生产的过程是一项需要多专业工程技术人员共同配合、相互交流与协作才能完成的庞大的系统工程。化工生产装置的建设无论是设计、制造、还是安装施工，均离不开工程图样；装置的开停车、设备检修、技术改造，以及生产过程中的组织与调度，也离不开工程图样；化工新产品的研发，也同样离不开工程图样。工程图是进行化工过程研究，生产装置的设计、制造、安装施工必需的技术文件，也是化工企业的生产组织与调度、技术改造与过程优化，以及工程技术人员与管理人员熟悉和了解化工生产过程必需的技术参考资料。因此，识图是必备的一项技能。

课题
化工工程图绘图原理的认识

一、化工工程图的绘图原理

1. 正投影原理

在工程图样中，可以通过斜投影和正投影的方法表示相关物体的结构，一般采用正投影法表达物体的结构。正投影法指投射线相互平行且垂直于投影面的投影方法。如图 1-1 所示为一水平管子的正投影图。

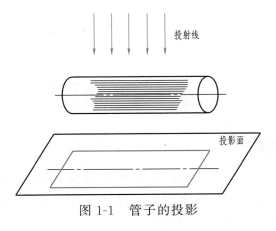

图 1-1　管子的投影

2. 工程图的三个投影面

空间物体具有长、宽、高三个方向的形状，当物体相对投影面正放时所得的单面正投影，只反映物体两个方向的形状，如图 1-2 所示是一圆柱和一长方体在三个投影面的投影，两物体虽然形状不同，但在正面和侧面的投影却相同，因此要明确地反映物体的形状，常需三个投影面。如图 1-3 所示，

绘图的基本原理投影法

003

三个投影面分别为水平面（H 平面）、正面（V 平面）和侧面（W 平面），三个平面互相垂直。H 平面与 V 平面相交得到 OX 轴，H 平面与 W 平面相交得到 OY 轴，V 平面与 W 平面相交得到 OZ 轴。在 H 平面上可以反映物体长、宽两方向的几何形状；在 V 平面上可以反映物体长、高两方向的几何形状；在 W 平面（有左侧面和右侧面）上可以反映物体高、宽两方向的几何形状。即物体长、宽、高尺寸可通过三个投影面上的投影图得到。

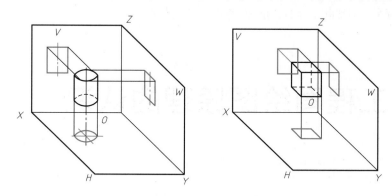

图 1-2　某圆柱体和长方体的三面投影图

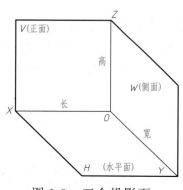

图 1-3　三个投影面

3. 物体的三视图

某一物体按正投影法向投影面投射即得到该物体的投影。物体的投影实际上是人们沿投射方向观察物体得到的图形，因此投影通常称为视图。如图 1-2 所示为一圆柱和长方体的三视图。

圆柱垂直于 H 平面，在 H 平面上的投影为圆，在 V 平面上的投影为矩形，在 W 平面上的投影为矩形。而长方体在 H 平面上的投影却为矩形，在 V 平面和 W 平面上的投影与圆柱相同。

（1）主视图　将物体从前向着后面的正立投影面投影，即得到该物体的主视图，其位置不动。

（2）俯视图　将物体从上向着下面的水平投影面投影，即得到该物体的俯视图，然后将该图形绕 OX 轴向下旋转 $90°$，画在其主视图的正下方。

（3）左视图　将物体从左侧向着右侧的右侧立投影面投影，即得到该物体左视图，然后将该图形绕 OZ 轴向右后方旋转 $90°$，画在其主视图的右侧。

一般一个物体的三视图指主视图、俯视图、左视图；有时某些特定类型的三视图指主视图、俯视图、右视图。将物体从右侧向着左侧的立投影面投影，即得到该物体的右视图；然后将该图形绕 OZ 轴向左后方旋转 $90°$，画在其正立面图的左侧。

当图 1-2 中的圆柱在投影面上的三视图用图 1-4 表示时，不再注明 H、V、W 三个投影面。

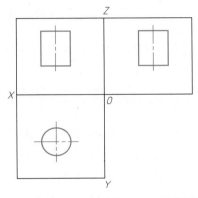

图 1-4　某圆柱体的三面正投影图

如果把图 1-2 所示的圆柱标明直径 D 和高度 H，如图 1-5 所示，则图 1-4 上标明直径和高度的图变成了图 1-6 所示。

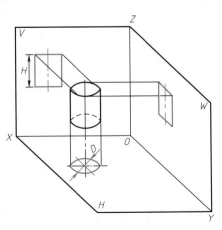

图 1-5　标明直径和高度的某圆柱体三面投影图

从中可得出结论：

主视图（V 平面图）和俯视图（H 平面图）的长度相等；

左视图（W 平面图）和俯视图（H 平面图）的宽度相等；

笔记

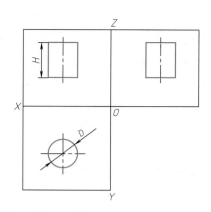

图 1-6　标明直径和高度的某圆柱体三面正投影图

主视图（*V* 平面图）和左视图（*W* 平面图）的高度相等。

即工程上三视图投影规律是：长对正，宽相等，高平齐。

即学即练

一个物体通过三视图可以准确表示出其形状结构，基本视图一般选择主视图、俯视图和左视图（根据物体的结构，也可选择右视图）。以下为一个物体的三视图，你能说出物体的名称吗？

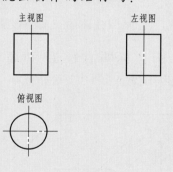

答案：圆柱体。

二、化工工程图的基本知识

图样是机器制造和生产过程中的重要技术文件之一，用来指导生产和进行技术交流，起到了工程语言的作用，必须有统一的规定。这些规定由国家制订和颁布实施，如国家标准《技术制图图线》、国家标准《技术制图图样画法视图》等。

国家标准简称国标，其代号为"GB"，例如 GB/T 14689—2008，其中14689 为标准的编号，2008 表示该标准是 2008 年颁布的。

这里简要介绍有关图纸幅面、比例、图线等几个标准。

1. 图面组成及幅面尺寸（GB/T 14689—2008）

为了便于图样的绘制、使用和管理，工程图样均应画在具有一定的格式和幅面的图纸上，一般优先采用表 1-1 所规定的基本幅面。A0、A1、A2 图纸一般不得加长，A3、A4 图纸可按需要沿短边的倍数加长。

选择图纸幅面尺寸时，应保证在图面布局紧凑、清晰和使用方便的前提下选用，同时应考虑下列因素：

（1）所设计对象的规模和复杂程度；

（2）由图的种类所确定的资料的详细程度；

（3）尽量选用较小幅面；

（4）便于图纸的装订和管理；

（5）复印和缩微的要求。

图纸上必须用粗实线画出图框，图框格式分为留有装订边和不留装订边两种。同一产品的图样只能采用一种格式。

留有装订边的图纸，其图框格式如图 1-7（a）和（c）所示，其中图

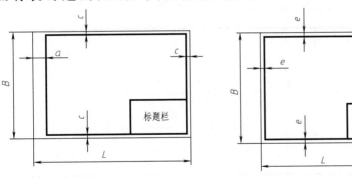

(a) 留有装订边的横放图样格式　　　　　(b) 不留装订边的横放图样格式

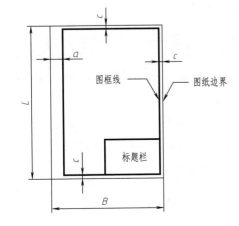

(c) 留有装订边的竖放图样格式

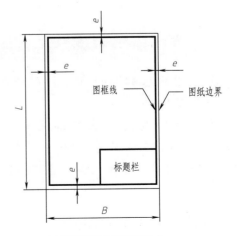

(d) 不留装订边的竖放图样格式

图 1-7　图框格式与标题栏方位

图幅与标题栏

笔记

（a）所示为横放图幅，图（c）所示为竖放图幅；不留有装订边的图纸，其图框格式如图 1-7（b）和（d）所示，其中图（b）所示为横放图幅，图（d）所示为竖放图幅，尺寸 a、c、e 随图幅大小按表 1-1 的规定选用。

表 1-1　图纸的基本幅面及图框尺寸　　　　　mm

幅面代号	A0	A1	A2	A3	A4	A5
$B \times L$	841×1189	594×841	420×594	297×420	210×297	148×210
a	25					
e	10			5		
c	20		10			

图面中的标题栏是用以确定图纸名称、图号、张次、更改和有关人员签署等内容的栏目。正式图样必须有标题栏，方位一般是在图纸的右下方。看图时将标题栏放在右下方，而不是相对图纸的装订边而言，标题栏的格式如图 1-8 所示。

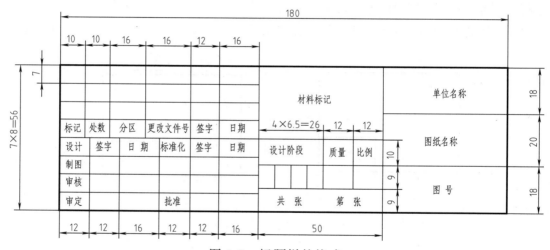

图 1-8　标题栏的格式

即学即练

A 类图的基本幅面有几种？分别是哪几种？你知道每一种类的图幅尺寸大小是多少吗？

答案：A 类图的基本幅面有六种，分别是 A0、A1、A2、A3、A4、A5；A0～A5 图幅尺寸大小分别是（mm×mm）：841×1189、594×841、420×594、297×420、210×297、148×210。

比例

2. 比例（GB/T 14690—1993）

比例是指图形与其实物相应要素的线性尺寸之比。

（1）有关比例的术语（见表1-2）　不论图形放大或缩小，在图样中所注的尺寸，其数值必须按物体的实际大小标注。如图1-9所示，可知尺寸标注与比例无关。

表 1-2　比例的术语

术　语	定　义
原值比例	比值为1的比例，即 1：1
放大比例	比值大于1的比例，如 2：1 等
缩小比例	比值小于1的比例，如 1：2 等

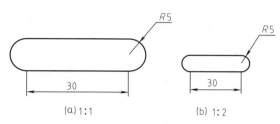

图 1-9　尺寸数字与图形比例无关

（2）比例系列　工程图上优先和允许采用的比例见表1-3。

表 1-3　比例系列

种　类		比　例
优先采用比例	原值比例	1：1
	放大比例	2：1　5：1　1×10^n：1　2×10^n：1　5×10^n：1
	缩小比例	1：2　1：5　1：10　$1：1\times10^n$　$1：2\times10^n$　$1：5\times10^n$
允许采用比例	放大比例	4：1　2.5：1　4×10^n：1　2.5×10^n：1
	缩小比例	1：1.5　1：2.5　1：3　1：4　1：6　$1：1.5\times10^n$　$1：2.5\times10^n$ $1：3\times10^n$　$1：4\times10^n$　$1：6\times10^n$

注：n 为正整数。

（3）比例的基本标注方法

① 比例的符号应以"："表示。比例的表示方法用1：2、1：10等。

② 绘制同一项目的各个视图时，应尽可能采用相同的比例，以便于绘图和看图。

③ 比例一般应标注在标题栏中的比例栏内。

3. 图线及其画法

绘制化工工程图所用的各种线条统称为图线。为了使图形清晰、含义清楚、绘图方便，通常采用表1-4所示的图线形式。

4. 字体

图面上的汉字、字母和数字是图的重要组成部分，因此字体必须符合标

笔记

准，做到字体端正、笔画清楚、排列整齐、间距均匀，且应完全符合《机械制图字体》的规定，一般汉字采用长仿宋体，字母可以用正体，也可用斜体（向右斜体，与水平线成75°角），可以用大写，也可以用小写，但不得书写草体。数字可用正体，也可用斜体。字体的号数是指字体的高度（mm），分为20、14、10、7、5、3.5、2.5七种，字体的宽高比约为2/3。图面上字体的大小，应依图幅而定，字号与幅面应协调。常用字号见表1-5。

表 1-4 图线类型及用途

名 称	图线类型	宽度 d/mm		主要用途
粗实线	——————————	1.2	0.9	工艺物料管线
细实线	——————————	0.3	0.15	尺寸线、尺寸界线、引出线、通用剖面线等
中实线	——————————	0.7	0.5	辅助管线、建筑物及设备轮廓线等
粗点画线	—— · —— · ——	1.2	0.9	限定范围的表示线，分区界线等
细点画线	— · — · — · —	0.3	0.15	轴线、圆中心线、对称线等
粗虚线	— — — — —	1.2	0.9	热力管线中冷凝水管线
波浪线	～～～～～	0.3	0.15	断裂处边界线、局部剖视的分界线

表 1-5 常用字号

书 写 内 容	推荐字号/mm	书 写 内 容	推荐字号/mm
图标中的图名及视图符号	7	图名	7
工程名称	5	表格中的文字	5
图纸中的文字说明及轴线线号	5	表格中的文字（小于6mm）	3.5
图纸中的数字及字母	3，3.5		

即学即练

同学们请想一想，生产过程中，流程图中工艺物料管线用哪种线型表示？辅助管线如何表示？热力管线中冷凝水管线又如何表示？

答案：流程图中工艺物料管线用粗实线表示，辅助管线用中实线表示，热力管线中冷凝水管线用粗虚线表示。

5. 标高

在工程图中，标高表示各构件在垂直方向的位置。管道和设备在高度方向的安装位置通常用标高表示。标高有相对标高和绝对标高之分，绝对标高是指以青岛黄海的海平面为零平面；相对标高是指选用一个基准面（选用建筑物一层地平面作为±0.000平面），与之相比。单位：米（m），用数字××.×××表示。要表明工艺管道在空间的位置（高度），应用相对标高标注，一般工艺管道的标高指管道的中心标高。用EL××.×××表示管道的中心线标高；POS EL××.×××表示支承点标高；BOP EL××.×××表示管底标高。

标注位置放在管道的起讫点、转角、连接、变坡点、交叉点处。标高在平面图和轴测图中的标注分别如图1-10、图1-11所示。

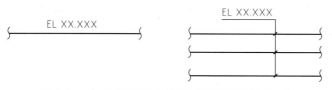

图1-10　在平面图中管道标高的标注方式

图1-11　在系统轴测图中管道标高的标注方式

即学即练

同学们，在一个平面图，某一条物料管线如图所示标注：

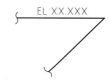

其含义是（　　　）。

答案：该水平管的安装位置为管道中心线高出地平面1.5米。

6. 物料代号

如果每一趟工艺管道运输不同介质，应标注上规定字母进行标号，以便相互区别，如果图中仅有一种管道时可省略。一般所注的规定字母为物料代号，用按介质的名称和状态取其英文名词的字头组成，采用2～3个大写英文字母表示，见表1-6所示。

7. 图例

图例是用简单的图样而并不完全反映实物的符号表示管件及附属件的特征。在管道及仪表流程图上，应按HG/T 20519.2—2009规定的图例绘出所用化工设备、阀门、主要管件和管道附件，如图1-12所示。管道及仪表流程图上常用阀门图例见书后附表1所示；管道及仪表流程图上常用管子及附件图例见书后附表2所示；管道及仪表流程图上设备机械常用图例见书后附表3所示。

表 1-6 物料代号（HG/T 20519.2—2009）

类别	物料名称	代号	类别	物料名称	代号
工艺物料	工艺空气	PA	制冷剂	气氨	AG
	工艺气体	PG		液氨	AL
	工艺液体	PL		气体乙烯或乙烷	ERG
	工艺固体	PS		液体乙烯或乙烷	ERL
	工艺物料（气液两相流）	PGL		氟利昂气体	FRG
	工艺物料（气固两相流）	PGS		气体丙烯或丙烷	PRG
	工艺物料（液固两相流）	PLS		液体丙烯或丙烷	PRL
	工艺水	PW		冷冻盐水回水	RWR
空气	空气	AR		冷冻盐水上水	RWS
	压缩空气	CA	其他物料	排液、导淋	DR
	仪表用空气	IA		熔盐	FSL
蒸汽及冷凝水	高压蒸汽	HS		火炬排放气	FV
	中压蒸汽	MS		氢	H
	低压蒸汽	LS		加热油	HO
	伴热蒸汽	TS		惰性气	IG
	蒸汽冷凝水	SC		氮	N
	锅炉给水	BW		氧	O
	化学污水	CSW		泥浆	SL
	循环冷却水回水	CWR		真空排放气	VE
	循环冷却水上水	CWS		放空	VT
	脱盐水	DNW	油料	污油	DO
	自来水、生活用水	DW		燃料油	FO
	消防水	FW		填料油	GO
	热水回水	HWR		润滑油	LO
	热水上水	HWS		原油	RO
	原水、新鲜水	RW		密封油	SO
	软水	SW	增补代号	气氨	AG
	生产废水	WW		液氨	AL
燃料	燃料气	FG		氨水	AW
	液体燃料	FL		转化气	CG
	固体燃料	FS		天然气	NG
	天然气	NG		合成气	SG
	液压石油气	LPG		尾气	TG
	液压天然气	LNG			

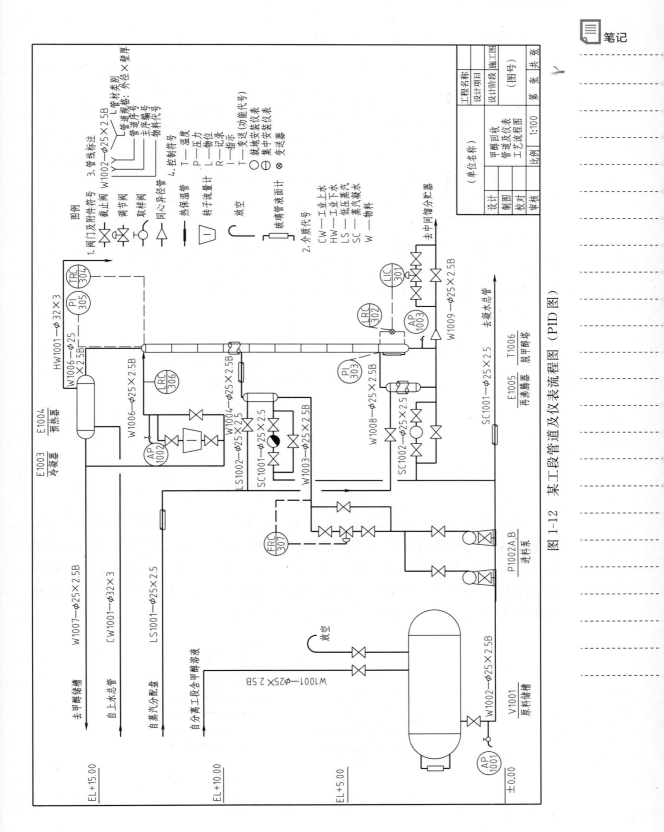

图1-12　某工段管道及仪表流程图（PID图）

8. 坡度

坡度是指水平敷设的管路，上升高度与其水平距离的比值。通常用坡度表示管道坡向，如图 1-13 所示，坡度包括三部分，i 是坡度符号，数字表示坡度值，箭头表示坡向（并非介质流向），箭头指向管道低的一端，尾高头低。$i=0.003$ 含义是此管道坡度值是 0.003。例如燃气、水蒸气等管道要标明管道的坡向。

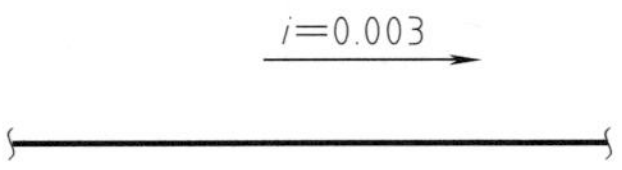

$$i=0.003$$

图 1-13　管道坡度与坡向

9. 管径标注

一般管道的尺寸用管道通径表示，标注的位置通常在管道变径处，水平管道的上方，竖管道的左侧，斜管道的斜上方，通常与管道代号连在一起标注，如图 1-14 所示。单独标注管径时，有以下几种表示。

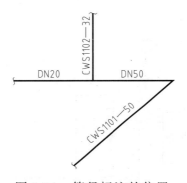

图 1-14　管径标注的位置

（1）公称通径　仅与制造尺寸有关且引用方便的一个圆整数值，是管道系统中除了用外径或螺纹尺寸代号标记元件以外的所有元件通用的一种规格标记。既不是实测的内径，也不是实际外径，表示为 DN。低压流体镀锌管和黑铁管、塑料管、铸铁管、水煤气管的规格用公称通径表示，常用的规格等级有 DN15、DN20、DN25、DN40、DN50 等。

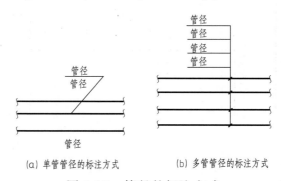

(a) 单管管径的标注方式　　　(b) 多管管径的标注方式

图 1-15　管径的标注方式

（2）用 D 表示　大管径的螺纹管、无缝钢管和不锈钢管等规格用 D 外径×壁厚表示。

（3）用 ϕ 表示　塑料通风管的规格用 ϕ 外径×壁厚表示。

管径的标注方式分为两种：一种是单管的标注方式，如图 1-15（a）所示；另一种是多管的标注方式，如图 1-15（b）所示。

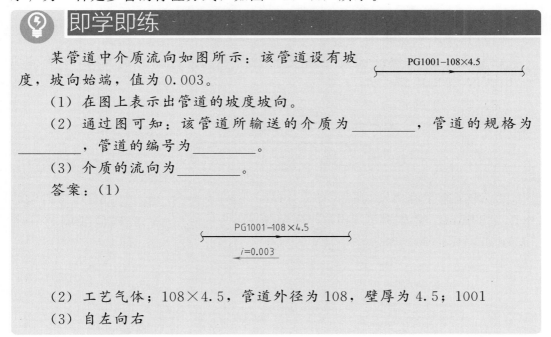

即学即练

某管道中介质流向如图所示：该管道设有坡度，坡向始端，值为 0.003。
PG1001-108×4.5

（1）在图上表示出管道的坡度坡向。

（2）通过图可知：该管道所输送的介质为_____，管道的规格为_____，管道的编号为_____。

（3）介质的流向为_____。

答案：（1）

PG1001-108×4.5

$i=0.003$

（2）工艺气体；108×4.5，管道外径为 108，壁厚为 4.5；1001

（3）自左向右

小结

本模块为识图的通用知识，重点讲解化工工程图使用的标准及术语、绘图的原理。难点是工程图绘制的原理。

教学建议

模块一为识图的通用知识，可通过一套工程图组织一次认知实训，熟悉一下工程图的组成和图纸的内容。

思考与练习

想一想

1. 三视图的投影规律是什么？常用的三视图指的是什么？它们是如何排

列的？具体名称是什么？

2. 国家标准对工程图的图幅、比例、线型、字体有何规定？

做一做

1. 某水蒸气管道介质流向如习题图 1-1 所示，该管道设有坡度，坡向始端，值为 0.002。

（1）在图上表示出管道的坡度。

（2）通过图可知：该管道所输送的介质为_____，管道的规格为_____，管道的编号为_____。

（3）该介质的流向为_____。

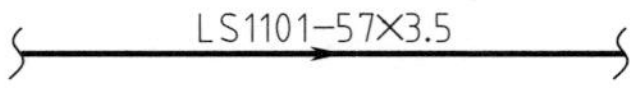

LS1101—57×3.5

习题图 1-1

2. 镀锌钢管的实测内径为 25.4mm，规格表示为_____；无缝钢管的外径为 89mm，壁厚为 4.5mm，规格表示为_____；铸铁管实测内径为 50.4mm，规格表示为_____。

模块二 化工设备图的识读

〈 学习目标

 知识目标

1. 了解化工设备图的作用、内容及常见化工设备图的基本知识；
2. 熟悉化工设备图中的简化画法；
3. 掌握化工设备图的图示特点、化工设备中标准化通用常用零部件图的识读方法。

能力目标

1. 掌握化工设备图中尺寸标注、管口表、技术说明、零部件图、明细栏、标题栏等内容的识读方法；
2. 能够通过对化工设备图的识读对设备的总体结构全面了解，并结合有关技术资料，进一步了解设备的结构特点、工作原理和操作过程等内容。

素质目标

通过学习本模块的内容，提升学生的协作能力、创新能力、变通能力和系统、全面考虑问题的能力。

〈 导语

化工生产离不开化工设备和机械，尤其是重要和核心的设备，更是生产中的关键。作为工艺操作人员，熟悉机器设备的基本结构及工作原理，将是安全操作的重要保证。通过本模块的学习，能了解到化工设备的分类和化工设备图基本知识，熟悉设备图的图示特点，掌握识读设备图的方法，便捷直观地掌握设备的基本结构。

课题一

化工设备的认识

一、化工设备结构特点

（一）认识常见化工设备

化工设备很多，在工厂中常见的有反应器、换热器、塔器和化工容器等。

1. 反应器

反应器又称反应罐或反应釜，如图 2-1 所示。

图 2-1　反应罐

反应器是化工行业最常用的典型设备之一，塔式、釜式和管式均有，以釜式居多，广泛用于各类气液、液液和液固反应过程，尤其在精细化工、聚合反应、制药和生物化工等领域的应用最为普遍。为控制反应的速度和温度，反应器往往带有搅拌装置和加热装置。

反应器的结构主要由壳体、传热装置、搅拌装置、传动装置、轴封装置、其他装置（必要的支座、人孔或手孔、各种接管等通用零部件）等组成。

化工设备的
认识

2. 换热器

换热器设备如图 2-2 所示。主要作用是使两种不同温度的物料进行热量交换以达到加热或冷却的目的。常见的换热器种类有列管式、套管式、螺旋板式等，其中列管式换热器最为常用。列管式换热器又分为多种型式，如：固定管板式、浮头式、填函式、U 形管式和滑动管板式等。

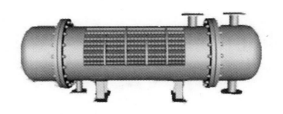

图 2-2 换热器

常用的固定管板式换热器结构主要由筒体、封头、支座、管束、固定管板、折流板等组成。

管束与两端封头连通，形成管程，筒体与管束围成的管外空间称壳程。工作时一种流体走管程，另一种流体走壳程。

3. 塔器

化工生产过程中常见的塔设备有很多，有用于反应过程的裂解塔、合成塔、硫化塔等，也有用于分离过程的精馏塔、吸收塔、萃取塔和洗涤塔，还有干燥塔、喷淋塔、造粒塔等。常用的塔设备可以按照它的内部结构不同分为板式塔和填料塔（图 2-3）。

板式塔有泡罩塔、筛板塔、浮阀塔及其他新型塔板等型式。填料塔也有各种型式。

结构主要由塔体、喷淋装置、填料、再分布器、栅板、气液体进出口、卸料孔、裙座等组成。

4. 化工容器

常见的容器分为立式、卧式与球形三类。因常用于储存物料，所以也被称为储槽、储罐。如图 2-4 所示为一卧式储槽，结构主要由筒体、封头、人孔、支座、液面计、加强圈等组成。

（二）化工设备的结构组成

通过以上典型化工设备，可以总结出化工设备的结构组成如下：

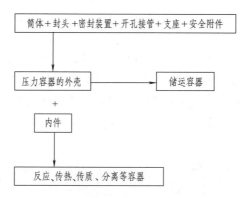

简体＋封头＋密封装置＋开孔接管＋支座＋安全附件

压力容器的外壳 → 储运容器

＋

内件

反应、传热、传质、分离等容器

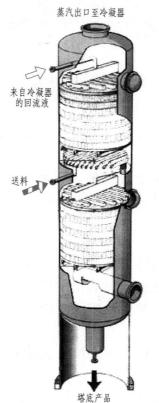

蒸汽出口至冷凝器

来自冷凝器的回流液

送料

塔底产品

图 2-3 填料塔

图 2-4 卧式储罐

容器的组成示意图如图 2-5 所示。

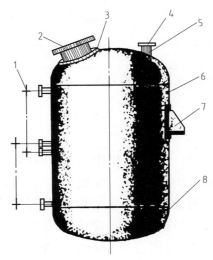

图 2-5　容器的组成

1—温度计；2—人孔；3—补偿圈；4—管法兰；5—接管；6—筒体；7—支座；8—封头

（三）化工设备的常用标准零部件

各种化工设备结构形状虽然不同，但是有一些零部件的作用相同。如设备的支座、人孔、连接各种管口的法兰等。为了便于设计、制造、检修，把这些零部件的结构形状统一成若干规格，使能相互通用，称为通用零部件。已制定并颁布标准的零部件，称为标准化零部件。标准化零部件可以批量生产，规格相同的可以互换。

1. 筒体与封头

筒体是用来进行化学反应、处理或储存物料的设备的主体部分，一般由钢板卷焊而成，其大小由工艺要求确定。筒体的主要尺寸是直径、高度（或长度）和壁厚。卷制成形的筒体，其公称直径系指筒体的内径。采用无缝钢管作筒体时，其公称直径系指钢管的外径［当直径较小的（<500mm）或高压设备的筒体一般采用无缝钢管作筒体］。

封头是设备的重要组成部分，它与筒体一起构成设备的壳体。如图 2-5 所示封头与筒体可直接焊接，也可分别焊上容器法兰，再用螺栓、螺母等连接。常见的封头形式有椭圆形、半球形、碟形、球冠形等，如图 2-6 所示。另外有些特殊设备还采用锥形及平板形封头。一般椭圆形封头最为常见。

2. 法兰

法兰连接是一种可拆连接，能承受一定的压力，密封性能好，便于检

 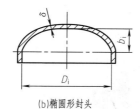  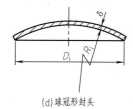

(a)半球形封头　　　(b)椭圆形封头　　　(c)碟形封头　　　(d)球冠形封头

图 2-6　各种封头

修，在化工设备中应用较为广泛，结构组成：一对法兰、密封垫片、紧固件（螺栓和螺母）。法兰连接结构如图 2-7 所示。

按用途不同法兰可分为设备法兰（又称压力容器法兰）和管法兰。设备法兰用于设备筒体（或封头）的连接，管法兰用于管子的连接。

标准法兰的主要参数是公称直径（DN）和公称压力（PN），管法兰的公称直径为所连接管子的外径，压力容器法兰的公称直径为所连接的筒体（或封头）的内径。

3. 人孔和手孔

人孔和手孔的基本结构相同，是为了便于安装、检修或清洗设备内部的装置，在设备上开设的孔。如图 2-8 所示，手孔的直径，应使操作人员的手顺利通过，标准规定有 DN150 和 DN250 两种。人孔有圆形和椭圆形两种，圆形人孔的最小直径为 400mm，椭圆孔的最小尺寸为 400mm×300mm。人孔的大小，主要考虑人的安全进出，又要避免开孔过大影响容器壁强度。

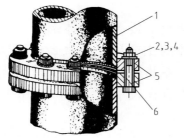

图 2-7　法兰连接
1—筒体（接管）；2—螺栓；3—螺母；
4—垫圈；5—法兰；6—垫片

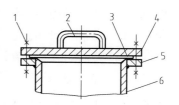

图 2-8　人（手）孔的基本结构
1—螺栓连接；2—手柄；3—垫片；
4—人孔盖；5—法兰；6—短筒接

当设备的直径超过 900mm 时，应开设人孔。人（手）孔的结构有多种型式，主要区别在于孔盖的开启方式和安装位置不同，以适应不同工艺和操作条件的需要。

即学即练

1. 辨识这几种封头，从左到右依次是 _____、_____、_____、_____。

(a)　　　　(b)　　　　(c)　　　　(d)

答案：半球形封头、椭圆形封头、碟形封头、球冠形封头。

2. 法兰连接是由 _____、_____、_____、_____、_____ 等零件组成的一种可拆连接。

答案：一对法兰、密封垫片、螺栓、螺母、垫圈

4. 支座

设备的支座用来支撑设备的重量和设备固定，按设备结构形状、安放位置、材料和载荷情况的不同而有多种型式。下面介绍常见类型支座。

（1）悬挂式支座，又称耳式支座，简称耳座，用于悬挂立式设备，它的结构由两块肋板、一块底板和一块垫板焊接而成，如图 2-9 所示。垫板焊接

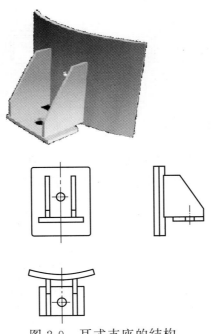

图 2-9　耳式支座的结构

笔记

在设备的筒体上，设备周围一般均匀分布四个耳座，小型设备也可用三个或两个耳座。

（2）鞍式支座是卧式设备中应用最广的一种支座，它主要由一块竖版、一块底板、若干肋板和一块弧形板组成，如图 2-10 所示。卧式设备一般用两个鞍式支座，一个为固定式（代号为 F），一个为滑动式（代号为 S），且 F 型与 S 型配对使用。

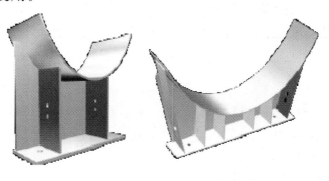

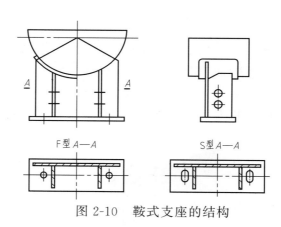

F型 A—A　　　　S型 A—A

图 2-10　鞍式支座的结构

5. 其他标准零部件

在化工设备上，经常要用到这样的零件，如螺栓、螺母、螺钉、垫圈、键、销、滑动轴承等，国家标准对这些零件的结构、尺寸、参数和技术要求制定了统一标准。

（四）化工设备的结构特点

各种化工设备，由于工艺要求不同，其结构形式、形状大小和安装方式也各有差异。但通过以上典型设备的结构分析，可以归纳出化工设备结构上的一些共同特点：

（1）设备的主体结构：一般为钢板卷制成形的回转体。

（2）设备的主体尺寸与局部尺寸相差悬殊：设备的总体尺寸与某些局部结构（如壁厚、管口等）的尺寸，往往相差悬殊。

（3）壳体上有较多的开孔和接管：由于化工工艺的需要，壳体上有较多的开孔和接管口，用以安装各种零部件和连接各种管道。

（4）设备大量采用焊接结构：化工设备的一个突出特点就是大量采用焊接结构。设备壳体和许多零部件大都采用焊接结构。

（5）广泛采用标准化、通用化、系列化的零部件。

💡 即学即练

同学们能否说出四种常见典型化工设备，并总结化工设备的结构特点是什么？

答案：四种常见的典型化工设备为反应设备、换热设备、塔类设备、储存设备。

化工设备结构特点如下：

（1）设备的主体结构：一般为钢板卷制成形的回转体。

（2）设备的主体尺寸与局部尺寸相差悬殊：设备的总体尺寸与某些局部结构（如壁厚、管口等）的尺寸，往往相差悬殊。

（3）壳体上有较多的开孔和接管：由于化工工艺的需要，壳体上有较多的开孔和接管口，用以安装各种零部件和连接各种管道。

（4）设备大量采用焊接结构：化工设备的一个突出特点就是大量采用焊接结构。设备壳体和许多零部件大都采用焊接结构。

（5）广泛采用标准化、通用化、系列化的零部件。

二、化工设备图的作用及内容

化工设备图是用来指导设备的制造、装配、安装、检验及使用和维修等的技术文件，如图 2-11 所示。一张完整的化工设备图应有以下基本内容：

（1）一组视图　用一组视图表示该设备的主要结构形状和零部件之间的装配关系。即用一组视图表示该设备的工作原理、各零部件之间的装配关系和相对位置，以及主要零件的基本形状。如图 2-11 采用两个基本视图将储罐的工作原理、结构形状以及各零部件间的装配关系，比较清晰地表达出来了。

（2）必要的尺寸　图中标注必要的尺寸，以表示设备的总体大小、规格、装配和安装等尺寸数据，为制造、装配、安装、检验等提供依据。因此，化工设备装配图主要包括以下几类尺寸。

① 特性尺寸　反映化工设备的主要性能、规格的尺寸。

② 装配尺寸　表示零部件之间装配关系和相对位置的尺寸。

笔记

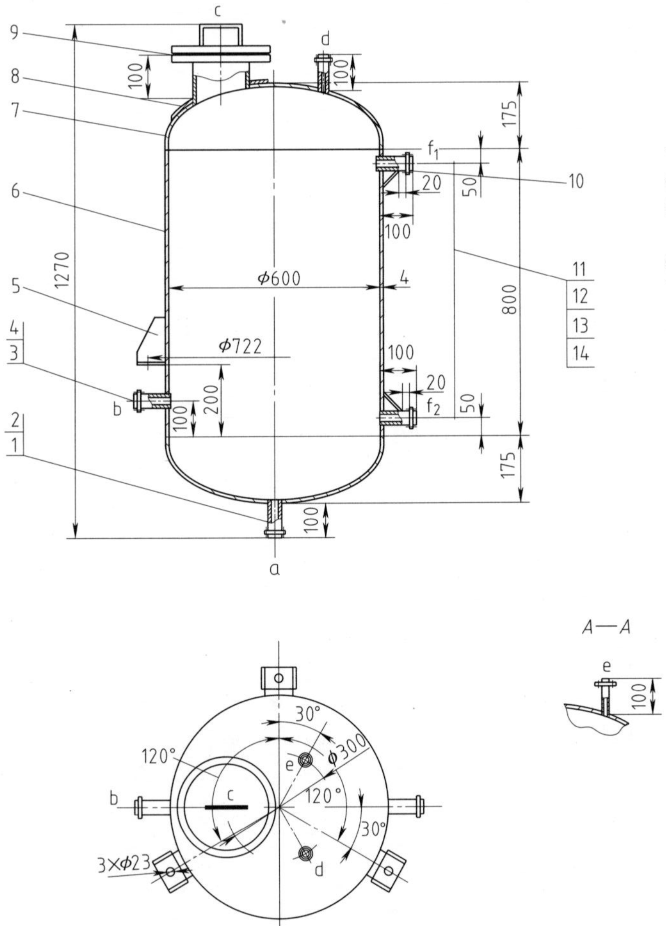

技术特性表

工作压力/MPa	常压	工作温度/℃	常温
设计压力/MPa	0.6	设计温度/℃	甲醛
物料名称	甲醛		
焊缝系数 Q		腐蚀裕度/mm	0.28
容器类别			
全容积/m³			

管口表

符号	公称尺寸	连接尺寸标准	连接面形式	用途或名称
a	20	HG/T 20592—2009	平面	物料出口
b	15	HG/T 20592—2009	平面	取样口
c	150	HG/T 21528—2005		手孔
d	20	HG/T 20592—2009	平面	物料进口
e	20	HG/T 20592—2009	平面	放空
f$_{1,2}$	20	HG/T 20592—2009	平面	液面计

技术要求

1. 本设备按JB/T 4735—1997钢制焊接常压容器技术条件进行制造、试验和验收。
2. 焊接采用电焊,焊条为:不锈钢之间及不锈钢与碳钢之间为奥132,碳钢之间为结422。
3. 设备制造完毕后,盛水试漏。

序号	图号与标准号	名　称	数量	材料	单重 总重	备注
14	GB/T 97.1—2002	垫片φ58×2.5×2		石棉橡胶	0.25	
13	GB/T 5782—2016	螺栓M12	8	Q235-A	0.09	
12	GB/T 6170—2015	螺母M12	8	Q235-A	7.90	
11	HG 5-227—80	液面计DA Pg16 L=800	1	组合件		
10	JB/T 4712—2007	支承4×20 L=150	2	组合件	5.80	
9	JB 577—79	常压手孔Dg150	1		1.56	
8	JB/T 4736—2002	补强圈Dg150,t=4	1	1Cr18Ni9Ti	27.6	
7	JB/T 4737—95	封头Dg600×4	2	1Cr18Ni9Ti	48.0	
6	JB/T 4725—92	筒体Dg600×4 H=8	1	1Cr18Ni9Ti	2.70	
5	JB/T 81—94	支座	3	Q235-A	0.34	
4		法兰15-1	1	1Cr18Ni9Ti	0.02	
3	JB/T 81—94	接管φ18×3 L=100	1	1Cr18Ni9Ti	2.10	
2		法兰20-1	5	1Cr18Ni9Ti	0.50	
1		接管	5			

标记	处数	分区	更改文件号	签名	年,月,日		
设计			阶段标记			重量	比例
审核							
工艺							
批准		标准化			共 张	第 张	

计量罐

图2-11　立式计量罐

③ 安装尺寸　表明设备安装在基础上或其他架构上所需的尺寸。

④ 外形（总体）尺寸　表示设备总长、总高、总宽（或外径）的尺寸，以确定该设备所占的空间。

⑤ 其他尺寸　一般包括标准零部件的规格尺寸，经设计计算确定的重要尺寸，焊缝结构形式尺寸以及不另行绘图的零件的有关尺寸。

（3）零部件编号及明细栏　对设备上的每一种零部件必须依次编号，并在明细栏中填写各零部件的名称、规格、材料、数量及有关图号或标准号等内容。

（4）管口符号和管口表　设备上所有的管口（物料进出管口、仪表管口等），均需标注符号（按拉丁字母顺序编写），在管口表中列出各管口的有关数据和用途等内容。

（5）技术特性表　用表格的形式列出设备的主要工艺特性（工作压力、工作温度、物料名称等）及其他特性（容器类别等）内容。

（6）技术要求　用文字说明设备在制造、检验和验收时应遵循的规范和规定以及对材料表面处理、涂饰、润滑、包装、保管和运输等的特殊要求。

（7）标题栏　用以填写设备的名称、主要规格、作图比例、设计单位、图样编号，以及设计、制图、校审人员签字等各项内容。

课题 二
化工设备图的图示方法

一、化工设备图的图示特点

（一）化工设备图的表达方法

根据化工设备的结构特点，化工设备图有其特殊的表达特点。

1. 视图的选择和配置

化工设备的主体以回转体居多，结构简单，一般选用两个视图表达。立式设备采用主、俯两个视图，如图 2-11 所示；卧式设备采用主、左两个视图。主视图主要表达设备的装配关系、工作原理、基本结构，通常采用全剖视图或局部剖视图；俯（左）视图主要表达管口的径向方位及设备的基本形状。

剖视图是为了清晰表达设备内部结构形状，假想用剖切面剖开设备，将处在观察者和剖切面之间的部分移去，而将其余部分向投影面投射所得的图

化工设备图的图示方法

形称为剖视图，简称剖视。全剖视图是用剖切面完全地剖开设备所得的剖视图，如图 2-11 所示的主视图；局部剖视图是用剖切面局部地剖开设备所得的剖视图，如图 2-11 所示接管 c 的视图。

2. 多次旋转的表达方法

化工设备多为回转体，设备壳体周围分布着各种管口或零部件，为了在主视图上清楚地表达它们的真实形状、装配关系、轴向位置，可采用多次旋转的表达方法——假想将设备周向分布的一些接管、孔口或其他结构，分别旋转到与主视图所在的投影面平行的位置画出，并且不需要标注旋转情况。如图 2-11 所示的俯视图，接管 d 是按逆时针旋转了 60°之后在主视图上画出的。

采用多次旋转的表达方法时，一般不作标注。但这些结构的周向方位要以管口方位图（或俯、左视图）为准。

3. 管口方位的表达方法

化工设备上的管口较多，它们的方位在设备制造、安装等方面都是至关重要的，必须在图样中表达清楚。管口方位图就是用于表达管口在设备中的周向方位的。

（1）管口的标注　主视图采用了多次旋转画法之后，在不同视图上，同一管口用相同的小写字母 a、b、c 等（称为管口符号）加以编号，避免混乱。相同管口的管口符号可用不同脚标的相同字母表示，如 a_1、a_2、a_3。

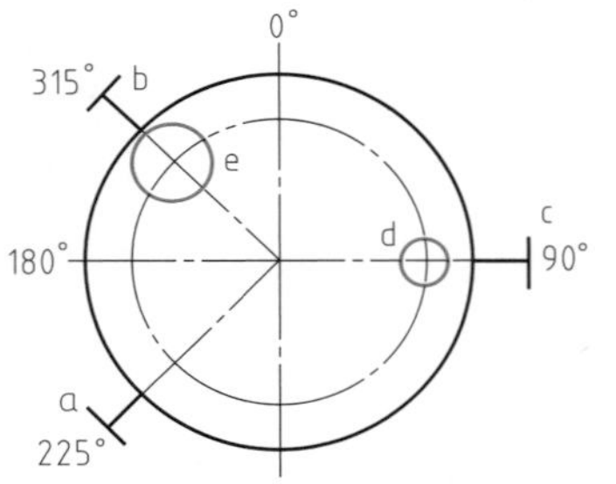

图 2-12　管口方位图

（2）管口方位图　管口在设备上的径向方位，除了在俯（左）视图上表示外，也可以画出设备的外圆轮廓，用细点画线表明设备管口的轴线或中心位置，用中心线表示管口位置，用粗实线示意性画出设备管口，称为管口方位图（如图 2-12 所示）。管口方位图上的标注与主视图的标注一致。

4. 局部结构的表达方法

化工设备的总体尺寸与局部尺寸相差悬殊，按基本视图比例绘制无法表达清楚，因此，化工设备图较多采用了局部详图的表达方法，局部详图多为局部放大图。如图 2-11 所示的 A—A 图为接管 a 的局部放大图。局部放大图可采用剖视或向视图表示。局部放大图画在基本视图之外，并不按基本视图的比例，而是放大画出，但需注明采用的比例。如图 2-13 所示为塔器裙座的局部放大图。

除采用局部放大的画法外，还使用夸大的表达方法，例如设备的壁厚、垫片、挡板等，其尺寸按比例无法清楚表示，需要适当地将其夸大，剖面符号允许用涂色的方法表示，如图 2-14 所示为焊缝的局部详图。

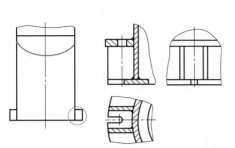

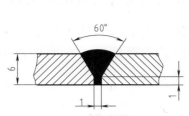

未按比例

图 2-13 塔器裙座的局部放大图　　　图 2-14 焊缝的局部详图

5. 断开和分段（层）的表达方法

较长（或较高）的设备（如塔器、反应器），在一定长度（或高度）上的形状结构相同，或按规律变化或重复时，可以采用断开的画法。如图 2-15 所示。有些设备较长，若不宜采用断开画法，可以采用分段（层）的画法，如图 2-16 所示。

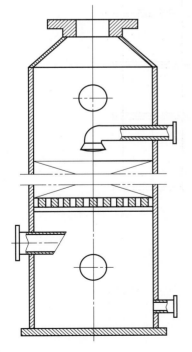

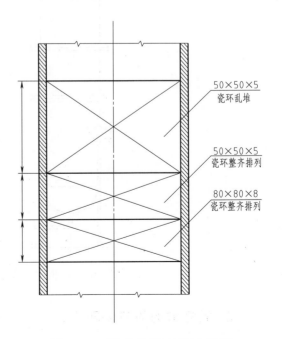

50×50×5
瓷环乱堆

50×50×5
瓷环整齐排列

80×80×8
瓷环整齐排列

图 2-15 设备断开表示示意图　　　图 2-16 设备分段表示示意图

（二）化工设备图的简化画法

化工设备上标准化零部件或结构形状简单的零部件，为简便作图，可采用简化画法。

1. 标准化零部件的简化画法

化工设备上结构已标准化的零部件，只需按主要尺寸、比例用粗实线画出它们的外形轮廓，在明细栏中注明其名称、规格、标准号等。如图 2-17 和图 2-18 所示。

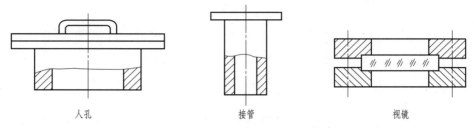

人孔　　　　　　　接管　　　　　　　视镜

图 2-17　标准化零部件的简化画法

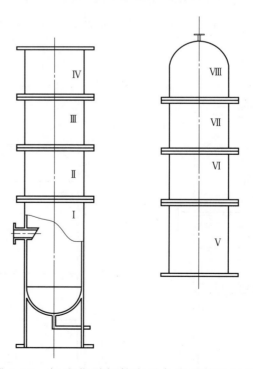

图 2-18　标准化零部件在设备中的简化画法

2. 重复结构的简化画法

（1）螺栓孔可用中心线和轴线表示，省略圆孔的投影，如图 2-19 所示。

（2）螺栓连接可用符号"×"（粗实线）表示，如图 2-19 所示。若数量较多且均匀分布时，可只画几个符号表示其分布方位即可。

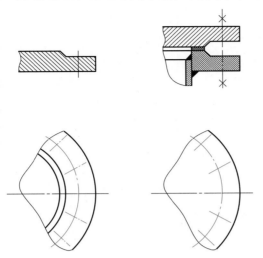

图 2-19 螺栓连接的简化画法

（3）填料塔内的填料层可用相交的细实线表示，另用文字注明填料的材料、规格、数量等，如图 2-20 所示。对装有不同规格或堆放方法不同的填料，需分层表示。

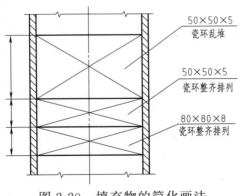

50×50×5
瓷环乱堆

50×50×5
瓷环整齐排列

80×80×8
瓷环整齐排列

图 2-20 填充物的简化画法

（4）设备中按一定规律排列的管束（列管式换热器的换热管），如图 2-21 中只画出其中一根或几根管子，其余管子用轴线表示。

（5）多孔板上的直径相同、按一定角度规则排列的孔，用一定角度交叉的细实线表示出孔的中心位置及孔的分布范围，只需画出几个孔并注明孔数和孔径；若孔径相同且以同心圆的方式排列，其简化画法如图 2-22 所示。

3. 液面计的简化画法

化工设备中常见的玻璃液面计，是带有两个接管的玻璃管液面计，在化工设备图中可用点画线和符号"+"（粗实线）表示。如图 2-23 所示。

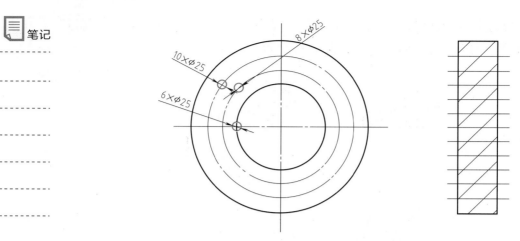

图 2-21　换热器列管的简化画法

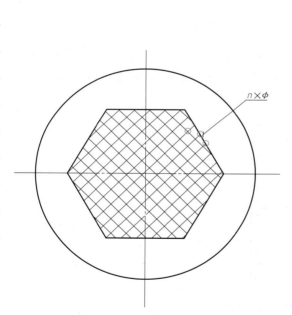

图 2-22　同直径的多孔板的简化画法

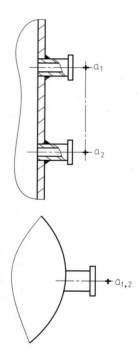

图 2-23　液面计的简化画法

（三）化工设备图中的焊缝表达方法

焊接是化工设备中常用的连接方法，如筒体、封头、法兰等零部件的连接。焊接是一种不可拆卸的连接形式。由于它施工简便、连接可靠，在化工设备制造、安装过程中被广泛采用。

1. 焊接方法

国家标准 GB/T 5185—2005 规定，在图样中标注焊接方法用阿拉伯数字组成的代号表示。制造化工设备常用的焊接方法是电弧焊。根据操作方法不同分为焊条电弧焊（代号111）、埋弧焊（代号12），常用的焊接方法及代号如表2-1所示。

表2-1 常用的焊接方法及代号一览表

焊接方法	数字代号	焊接方法	数字代号	焊接方法	数字代号
电弧焊	1	气焊	3	电渣焊	71
焊条电弧焊	111	氧-乙炔焊	311	激光焊	751
埋弧焊	12	氧-丙烷焊	312	电子束焊	76
等离子弧焊	15	压焊	4	硬钎焊	91
电阻焊	2	摩擦焊	42	软钎焊	92
点焊	21	超声波焊	41	烙铁软钎焊	952

2. 焊接接头

常见的焊接接头有对接、搭接、角接和T形四种基本形式，如图2-24所示。

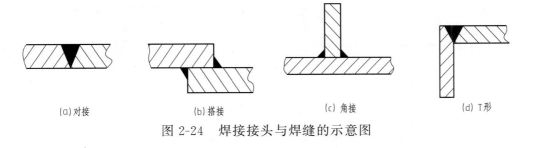

(a)对接　　　　(b)搭接　　　　(c)角接　　　　(d)T形

图2-24 焊接接头与焊缝的示意图

3. 焊缝的规定画法

国家标准GB/T 12212—2012规定，在图样中一般用焊缝符号表示焊缝，

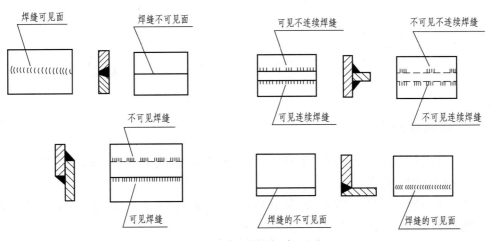

图2-25 焊缝的规定画法

笔记

也可用图示法表示焊缝。但在同一图样中，只允许采用一种方法。需在图样中简易地绘出焊缝时，其可见焊缝用细实线绘制的栅线（允许徒手绘制）表示，也可采用特粗线（2d～3d）表示，在化工设备图中，焊缝的金属熔焊区涂黑表示。如图2-25所示。

即学即练

1. 指出图1和图2分别使用的是化工设备图的哪种表达方法。

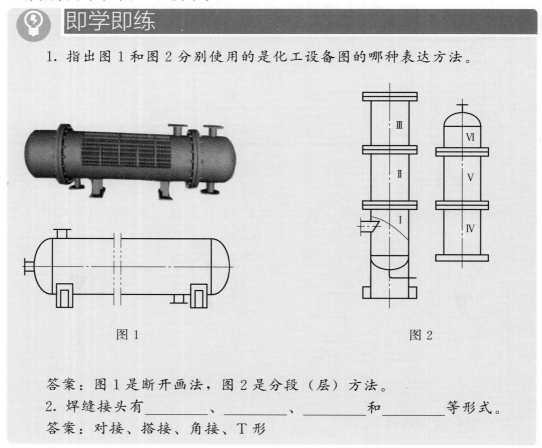

图1　　　　　　　　　　图2

答案：图1是断开画法，图2是分段（层）方法。

2. 焊缝接头有_____、_____、_____和_____等形式。

答案：对接、搭接、角接、T形

二、化工设备图的尺寸标注

（一）尺寸注法

1. 基本规则

（1）机件的真实大小应以图样上所注的尺寸数值为依据，与图形的大小及绘图的准确度无关。

（2）图样中的尺寸以毫米为单位时，省略标注单位符号，如采用其他单位，则应注明相应的单位符号。

（3）图样中所注的尺寸为该图样所示机件的最后完工尺寸，否则应另加说明。

（4）机件的每一尺寸，一般只标注一次，并标注在反映该结构最清晰的图形上。

2. 尺寸的组成

一个完整的尺寸由尺寸界线、尺寸线及尺寸数字组成，如图 2-26 所示。

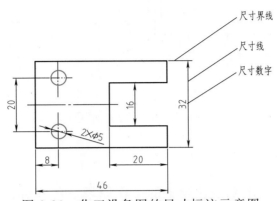

图 2-26　化工设备图的尺寸标注示意图

（1）尺寸界线　尺寸界线用细实线绘制，并应由图形的轮廓线、轴线或对称中心线处引出。也可利用轮廓线、轴线或对称中心线作尺寸界线。

（2）尺寸线　尺寸线用细实线绘制，其终端一般用箭头表示。尺寸线必须单独画出，与所标注的线段平行，不能用其他图线代替，一般也不得与其他图线重合或画在其延长线上。

（3）尺寸数字　图样中的尺寸数字必须清晰无误，大小一致。尺寸数字不能被任何图线通过。尺寸线水平时，线性尺寸数字标注在尺寸线的上方，字头向上；尺寸线垂直时，线性尺寸数字标注在尺寸线的左边，字头向左。

角度的数字一律水平注写，一般注写在尺寸线的中点处。

3. 尺寸基准

标注化工设备的尺寸，还应注意既要保证设备在制造和安装时能达到设计的预期要求，又要便于现场测量和检验，这就需要合理的尺寸基准。如图 2-27 所示。在化工设备制图中常用的尺寸基准如下。

（1）设备筒体和封头的中心轴线。

（2）设备筒体和封头焊接时的环焊缝。

（3）设备或管口法兰的密封面。

（4）设备支座的底面。

（5）设备筒体的内外表面。

（6）人（手）孔、接管和螺孔的中心轴线。

笔记

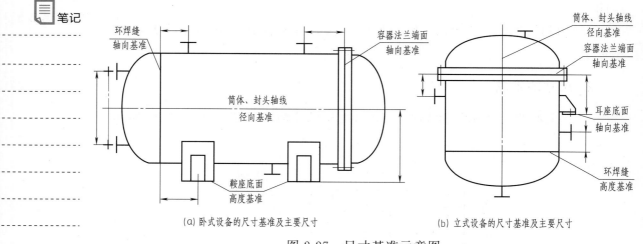

(a) 卧式设备的尺寸基准及主要尺寸　　　　(b) 立式设备的尺寸基准及主要尺寸

图 2-27　尺寸基准示意图

4. 尺寸的种类

化工设备图主要用来表达设备的工作原理、各零部件间的装配关系。因此，化工设备装配图主要包括特性尺寸、装配尺寸、安装尺寸、总体尺寸、其他尺寸等。

（二）化工设备图的尺寸标注

化工设备简图上的尺寸标注应满足制造、装配、检验、安装的要求。

1. 特性尺寸

反映设备的主要性能、规格的尺寸。如图 2-11 中的简体的内径"$\phi600$"。

2. 装配尺寸

表示零部件装配关系和相对位置的尺寸，是制造化工设备的重要依据。应做到每一种零部件在设备简图上都有明确的定位。如图 2-11 中的管口的伸出长度"100"，管口 f 的尺寸"50"等。

3. 安装尺寸

表明设备安装在基础或其他构件上所需的尺寸。如图 2-11 中支座上地脚螺栓孔的直径"$\phi722$"等。

4. 总体尺寸

表示设备的总长、总宽、总高的尺寸，为设备的包装、运输、安装及厂房提供数据。如图 2-11 中总高尺寸"1270"。

5. 其他尺寸

根据化工设备图的需要还应注出：

（1）零部件的规格。

（2）设计的重要尺寸，如壁厚。

（3）不另行绘图的零部件尺寸。

6. 典型结构的尺寸注法

（1）筒体　一般标注内径、壁厚和高度（或长度）；若用无缝钢管作筒体，则标注外径、壁厚和高度（或长度）。

（2）封头　一般标注壁厚和封头高度（包括直边高度）。

（3）接管　一般标注管口内径和壁厚；接管为无缝钢管时，则标注"外径×壁厚"。

即学即练

请同学们阅读如图所示的储罐装配图，回答以下问题：

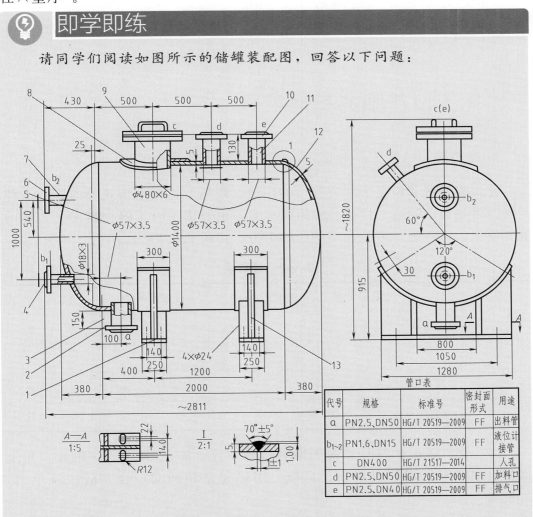

代号	规格	标准号	密封面形式	用途
a	PN2.5、DN50	HG/T 20519—2009	FF	出料管
b1~2	PN1.6、DN15	HG/T 20519—2009	FF	液位计接管
c	DN400	HG/T 21517—2014		人孔
d	PN2.5、DN50	HG/T 20519—2009	FF	加料口
e	PN2.5、DN40	HG/T 20519—2009	FF	排气口

管口表

（1）如上图所示，筒体内径 $\phi1400mm$、筒体长度 $2000mm$，指的是_____尺寸，反映_____的尺寸。

答案：特性　反映化工设备的主要性能、规格

（2）指出表明设备安装在基础上或其他构架上所需的安装尺寸。

答案：两个支座中心线之间的距离是 $1200mm$，鞍座上两个螺孔中心距是 $840mm$。

（3）指出表示零部件之间装配关系和相对位置的装配尺寸。

答案：人孔与进料口的相对位置是 $500mm$，人孔中心轴线至筒体环焊缝线的距离是 $500mm$，进料口与排气口的相对位置是 $500mm$，两个液位计接口 b_1 与 b_2 接管之间的相对位置是 $1000mm$。

（4）容器的总长为_____、总高为_____、总宽为_____。

答案：$2807mm$　$1820mm$　$1412mm$

（5）人孔的规格尺寸是_____。筒体的壁厚是_____。

答案：$\phi480mm\times6mm$　$6mm$

三、化工设备图的其他组成

1. 管口表

管口表是说明设备上所有管口的用途、规格、连接面形式等内容的一种表格，供备料、制造、检验、使用时参考，也是读图时了解物料来龙去脉的重要依据，管口表一般画在明细栏的上方。格式如表 2-2 所示。

表 2-2　管口表

符　号	公称尺寸	连接尺寸标准	连接面形式	用途或名称

（1）管口表中的符号和视图中的符号一致，按 a、b、c、…顺序，自上而下顺序填写，当管口规格、标准、用途完全相同时，合并成一项填写，如 $b_{1,2}$。

（2）公称尺寸栏按接管口的公称尺寸填写。无公称尺寸的管口，按接管

口实际内径填写。

（3）连接尺寸标准，在这一栏内填写对外连接管口的有关尺寸和标准；不对外连接的管口（如人孔、视镜等），则不填写具体内容。

2. 技术特性表

技术特性表是将该设备的工作压力、工作温度、物料名称及反应设备特征和生产能力的重要技术特性指标用表格形式单独列出。一般放在管口表的上方。如表2-3和表2-4所示。

表2-3　技术特性表一

工作压力/MPa		工作温度/℃	
设计压力/MPa		设计温度/℃	
物料名称			
焊缝系数		腐蚀裕度/mm	
容器类别			

表2-4　技术特性表二

	管　程	壳　程
工作压力/MPa		
工作温度/℃		
设计压力/MPa		
设计温度/℃		
物料名称		
换热系数		
焊缝系数		
腐蚀裕度/mm		
容器类别		

3. 技术要求

技术要求作为设备制造、装配检验等过程中的技术依据，是化工设备简图上不可缺少的一项重要内容，通常包括以下几项内容。

（1）通用技术条件　通用技术条件是同类化工设备在制造、装配、检验等方面的技术规范，已形成标准，在技术条件中可直接引用。

（2）焊接要求　焊接是化工设备的主要制造工艺，是决定化工设备质量的一个重要方面，是检验化工设备的一项主要内容。在技术要求中，通常对焊接方法、焊条、焊剂等提出要求。

笔记

（3）设备的检验要求　一般对主体设备进行水压和气密性试验，对焊缝进行探伤等。技术要求中应对检验的项目、方法、指标作出明确要求。

（4）其他要求　说明在图中不能（或没有）表示出来的设备制造、装配、安装要求，以及设备的防腐、保温、包装、运输等方面的要求。

4. 零部件序号、明细栏和标题栏

零部件序号、明细栏和标题栏的内容、格式及要求与前面学过的工程图例要求一致。

即学即练

同学们想一想，在设备图中，技术特性表中通常包含哪些内容？
答案：工作压力、工作温度、设计压力、设计温度、物料名称等。

课题 三
化工设备图的识读

一、化工设备图工程实例

如图 2-28 所示为一化工反应容器设备装配图。

二、化工设备图的识读方法

阅读化工设备图，一般按照下面的方法进行。

1. 概括了解

首先看标题栏，了解设备名称、规格、比例等内容；其次看明细栏，了解各零部件的数量及主要零部件的选型和规格等；再次粗看视图，并概括了解设备的管口表、技术特性表及技术要求中的内容。

2. 详细分析

（1）视图分析　了解设备图中共有几个视图，各视图采用了哪些表达方法，并分析各视图之间的关系和作用等。

（2）零部件分析　以主视图为中心，结合其他视图，详细分析各零部件的相关内容。

化工设备图
的识图

① 结构分析。弄清该零件的型式和结构特征，想象其形状。

② 尺寸分析。包括规格尺寸、装配尺寸、安装尺寸、总体尺寸及其他尺寸。

③ 功能分析。弄清该零部件在设备中的作用。

④ 装配关系分析。该零部件在设备上的位置及与主体或其他零部件的连接装配关系。

化工设备的零部件较多，对于主要的、较复杂的零部件及其装配关系要重点分析。并且按照先大后小、先主后次、先易后难的步骤，或者按序号顺序逐一进行分析。

对于标准化零部件，可根据其标准号和规格进一步分析。

对于接管，可根据管口符号，结合主视图与其他视图，弄清其轴向和径向位置，从管口表中了解其用途。管口分析是设备工作原理分析的主要方面。

（3）分析工作原理 结合管口表，分析每一管口的用途及其在设备的轴向和径向位置，从而搞清各种物料在设备内的进出流向，这就是化工设备的主要工作原理。

（4）分析技术特性和技术要求 通过技术特性表和技术要求，明确该设备的性能、主要技术指标和在制造、检验、安装等过程中的要求。

3. 归纳总结

在零部件的分析基础上，弄懂各零部件的形状以及在设备中的位置和装配关系，明白设备的整体结构特征，从而想象出设备的整体形状并对设备的用途、技术特性、主要零部件的作用、各种物料进出流向即设备的工作原理和工作过程等进行归纳总结，最后对该设备获得一个全面、清晰的认识。

三、化工设备图的识图分析

工程实例 1

××反应罐的设备图如图 2-28 所示，是一张在化工生产中常用的带搅拌的反应罐装配图。应用上述的读图步骤，可以了解到以下内容。

1. 概括了解

（1）从主标题栏可知该图为反应罐的装配图，设备容积为 $1m^3$，绘图比例为 1∶10。

（2）视图以主、俯两个视图为主，主视图基本上采用全剖视（电动机与传动部分未剖），管口采用多次旋转剖视的画法，另外有 3 个局部剖视图 "$A—A$" "$B—B$" "$C—C$" 和一个局部放大图，图纸的右上方有明细栏、技

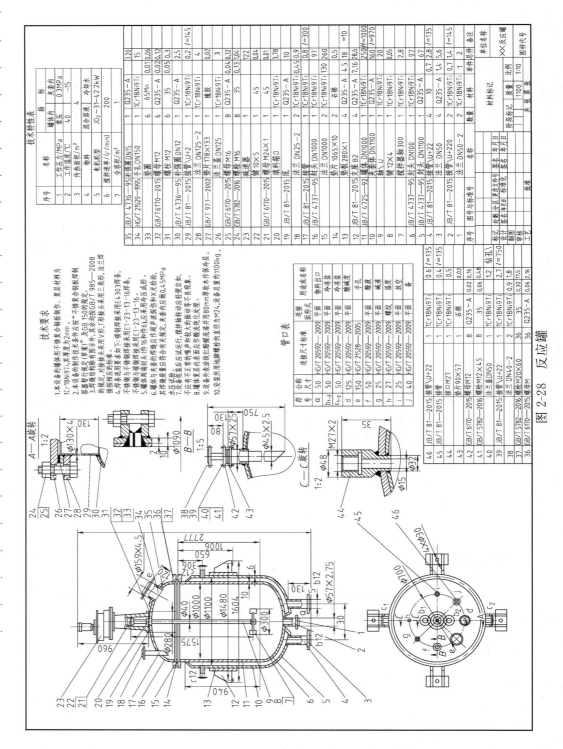

图 2-28　反应罐

术特性表、管口表、技术要求等内容。

（3）从明细栏可知，该设备共编了 46 种零部件序号。

（4）从管口表可知该设备有 a，b，…，j 共 10 种管口符号，编号为 b、c 的各有两个接管，在主、俯图上可以分别找出它们的位置。

（5）从技术特性表可了解该设备的操作压力、温度、物料、电动机功率、搅拌转速等技术特性数据。

2．详细分析

反应罐的基本结构包括：罐体、夹套、搅拌装置、传动装置和轴封装置及接管和手孔等。

（1）零部件结构形状。图 2-28 中，罐体（件号 11）、夹套体（件号 10）和两个椭圆形封头（件号 5、6），组成了设备的整个壳体。壳体周围焊有耳式支座（件号 12）四个，除冷却盐水的接管外，其余管口均开在封头上。

（2）搅拌器轴（件号 7），材料为 1Cr18Ni9Ti，直径为 300mm，用 42.2kW 的电动机带动，转速为 200r/min。搅拌器轴与减速器输出轴之间用联轴器连接。

（3）该设备的传热装置采用夹套，用盐水进行冷却，由管口 b 进入，由管口 c 引出。

（4）该设备的手孔（件号为 34）规格为 DN150，其开口方位以俯视图为准。

（5）出料口（件号 2）为公称直径为 50mm 的不锈钢管（材料为 1Cr18Ni9Ti），沿设备内壁伸入釜底中心，便于出料时尽可能排净。

另 "A—A" 剖视图表示了测酸碱度接管的详细结构；"B—B" 剖视图表示了测酸液接管的详细结构；"C—C" 剖视图表示了测温管的详细结构。

尺寸的阅读及设备的加工方法通过图纸和技术说明自己分析。

3．归纳总结

该设备用于物料的反应过程，过程在常压下进行，并需用盐水冷却降温至 40℃ 条件下搅拌进行。夹套内的温度为 -15℃，压力为 0.3MPa，冷却盐水由管口 b 进入，管口 c 引出。

由此归纳出：对于一般的带搅拌的反应罐，除了罐体形状及附属的通用零部件，主要抓住传热装置、搅拌器形式、传动装置及密封装置四个方面就能掌握一般反应罐的主要特点了。

其他的典型设备的简图阅读与反应罐的设备简图阅读方法相同，请参考以上步骤进行。

笔记

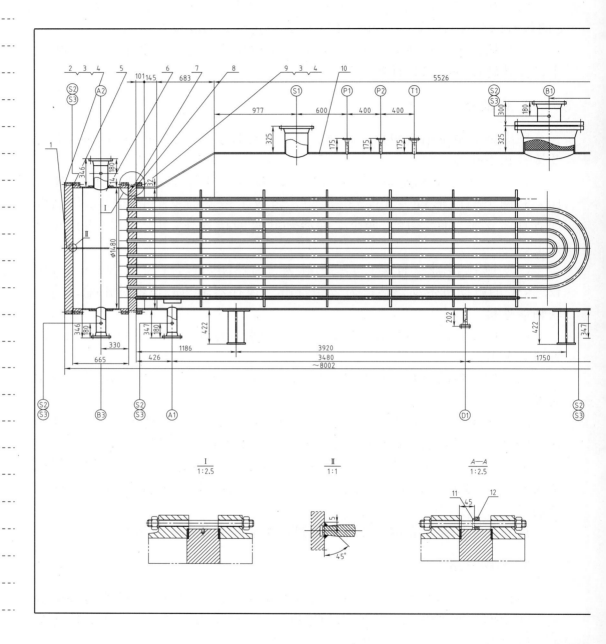

图 2-29　三氧化硫

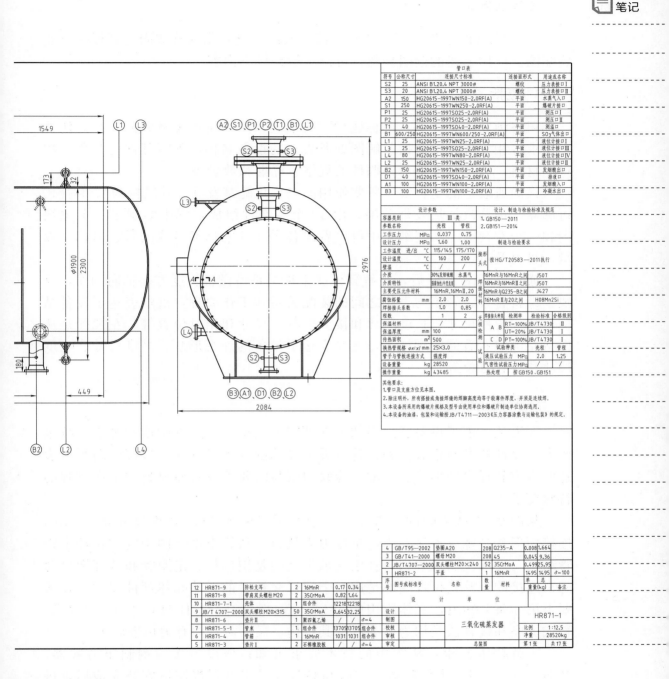

管口表

符号	公称尺寸	连接尺寸标准	连接面形式	用途或名称
S2	25	ANSI B1.20.4 NPT 3000#	螺纹	压力表接口Ⅰ
S3	20	ANSI B1.20.4 NPT 3000#	螺纹	压力表接口Ⅱ
A2	150	HG20615—1997WN150-2.0RF(A)	平面	水蒸气入口
S1	250	HG20615—1997WN250-2.0RF(A)	平面	爆破片接口
P1	25	HG20615—1997SO25-2.0RF(A)	平面	测压口Ⅰ
P2	25	HG20615—1997SO25-2.0RF(A)	平面	测压口Ⅱ
T1	40	HG20615—1997SO40-2.0RF(A)	平面	测温口
B1	600/250	HG20615—1997WN600/250-2.0RF(A)	平面	SO₃气体出口
L1	25	HG20615—1997WN25-2.0RF(A)	平面	液位计接口Ⅰ
L3	25	HG20615—1997SO25-2.0RF(A)	平面	液位计接口Ⅲ
L4	80	HG20615—1997WN80-2.0RF(A)	平面	液位计接口Ⅳ
L2	25	HG20615—1997WN25-2.0RF(A)	平面	液位计接口Ⅱ
B2	150	HG20615—1997WN150-2.0RF(A)	平面	发烟酸出口
D1	40	HG20615—1997SO40-2.0RF(A)	平面	排液口
A1	100	HG20615—1997WN100-2.0RF(A)	平面	发烟酸入口
B3	100	HG20615—1997WN100-2.0RF(A)	平面	冷凝水出口

设计参数

容器类别		Ⅲ类		设计、制造与检验标准及规范
参数名称		壳程	管程	1.GB150—2011
工作压力	MPa	0.037	0.75	2.GB151—2014
设计压力	MPa	1.60	1.00	制造与检验要求
工作温度　进/出	℃	115/145	175/170	接管法兰 按HG/T20583—2011执行
设计温度	℃	160	200	
壁温	℃	/	/	
介质		30%发烟硫酸	水蒸气	焊接材料 16MnR与16MnR之间 J507
介质特性		强腐蚀/中度危害		16MnR与16MnRⅡ之间 J507
主要受压元件材料		16MnR、16MnⅡ、20		16MnR与Q235-B之间 J427
腐蚀裕量	mm	2.0	2.0	16MnRⅡ与20之间 H08Mn2Si
焊接接头系数		1.0	0.85	
程数		1	2	无损检测 焊接接头类别 检测率 检测标准 合格级别
保温材料		/		A B RT=100% JB/T4730 Ⅱ
保温厚度	mm	100		UT=20% JB/T4730 Ⅱ
传热面积	m²	500		C D PT=100% JB/T4730 Ⅰ
换热管规格φ×i×l/mm		25×3.0		
管子与管板连接方式		强度焊		试验 试验种类 壳程 管程
设备净重	kg	28520		液压试验压力 MPa 2.0 1.25
操作重量	kg	43485		气密性试验压力MPa
				热处理 按GB150、GB151

其他要求:
1.管口及支座方位见本图。
2.除注明外,所有搭接或角接焊缝的焊脚高度均等于较薄件厚度,并原是连续焊。
3.本设备所采用的爆破片规格及型号由使用单位爆破片制造单位协商选用。
4.本设备的油漆、包装和运输按JB/T4711—2003《压力容器涂装与运输包装》的规定。

4	GB/T95—2002	垫圈A20	208	Q235-A	0.008	1.664	
3	GB/T41—2000	螺母M20	208	45	0.045	9.36	
2	JB/T4707—2000	双头螺柱M20×240	52	35CrMoA	0.499	25.95	
1	HR871-2	平盖	1	16MnR	1495	1495	δ=100
序号	图号或标准号	名称	数量	材料	单重	总重	备注
					重量（kg)		

12	HR871-9	防松支耳	2	16MnR	0.17	0.34	
11	HR871-8	带肩双头螺柱M20	2	35CrMoA	0.82	1.64	
10	HR871-7-1	壳体	1	组合件	12218	12218	
9	JB/T4707—2000	双头螺柱M20×315	50	35CrMoA	0.645	32.25	
8	HR871-6	垫圈Ⅱ	8	聚四氟乙烯	/	/	δ=4
7	HR871-5-1	管束	1	组合件	13705	13705	组合件
6	HR871-4	管箱	1	16MnR	1031	1031	组合件
5	HR871-3	垫片Ⅰ	2	石棉橡胶板	/	/	δ=4

设计单位

设计				
制图		三氧化硫蒸发器		HR871-1
校核			比例	1:12.5
审核			净重	28520kg
审定		总装图	第1张	共17张

蒸发器装配总图

工程实例 2

如图 2-29 所示为三氧化硫蒸发器总装图，是一张列管式固定管板换热器装配图。应用上述的读图步骤，可以了解到以下内容：

1. 概括了解

粗略浏览图 2-29，从读标题栏、明细表、设计技术规格数据表和其他技术要求等相关资料中概括了解图纸所表达的设备名称，各零部件的名称、数量和材料，以及标准件与外购件的规格、标准和数量等。

该图所表达的是：某厂所要使用的三氧化硫蒸发器。其结构为 U 形管式再沸器，用蒸汽加热发烟硫酸，由 12 个零部件组成，图中绘制了一个主视图和一个左视图。从明细表中可以看出各零部件的标准号或图号、名称、数量、材料及重量等。

通过分析图 2-29 后，了解到该图主视图是沿设备长度方向轴向剖切，反映了设备管束、管箱与壳体之间的装配关系和工作原理，重点表达了设备结构形状、规格尺寸、长度尺寸和接管形状、尺寸和相对位置等。左视图是从设备左侧向右看的轮廓视图，主要表达了设备的外观形状、高度尺寸、宽度尺寸和接管方位等。

2. 详细分析

在大致了解了设备装配图和零部件图的基础上，仔细阅读明细表、技术要求、设计技术规格数据表、管口表及局部剖视图等，进一步理解图纸所表达的内容和提出的加工、装配、检验和试验的要求及对原材料和某些过程的特殊要求等。

从图 2-29 总装图的"管口表"中知道，S2 管口的公称尺寸是 25mm，连接面形式是螺纹连接，用途是压力表接口；从管束部件图中的"拉杆定距管结构"局部视图了解到，管束支承板之间是用拉杆、定距管和端部螺母紧固来连接的，并且拉杆端部是用 2 个螺母来锁紧的；从壳体部件图的"技术要求第 3 条"知道，壳体所用的 16MnR 钢板应符合 GB 713—2014 的要求。鞍式支座和接管法兰均为标准件，其结构、尺寸需查阅有关标准确定。

了解技术要求：从图中的技术要求可知；该设备按《钢制压力容器》（GB 150—2011）进行制造、试验和验收，采用电弧焊制造安装完成后，进行水压试验。

3. 归纳总结

将上述读图内容有机地联系起来；加深理解和分析，归纳总结出整个设备的结构特点、工作原理、装配关系和性能要求，并分解出各零部件的材料、规格、形状、位置、功能、装配关系和拆装顺序等，透彻研究图纸中的技术要求和全部尺寸，进一步了解设备的设计意图和装配工艺，为下一步进行图纸工艺会审做好准备。

通过对三氧化硫蒸发器的总装图、壳体部件图和管束及管箱部件图、平盖和管板等零件图的识读，对三氧化硫蒸发器的结构特点、工作原理、装配关系有了进一步的理解，获取了以下信息。

结构特点：三氧化硫蒸发器是一台卧式容器，壳体由下部两个鞍式支座支承，用于加热发烟硫酸的换热器管束由壳体左端装入，通过左端的设备法兰密封固定，壳体右端用标准椭圆形封头封闭。

工作原理：从壳体左下部的 A1 接管通入发烟硫酸，发烟硫酸由来自管箱上部 A2 接管的蒸汽通过换热器 U 形管束加热后，蒸发出三氧化硫气体，三氧化硫气体从壳体上部的 B1 接管口经过丝网除沫器除去液态硫酸后排出。进入 U 形管束的蒸汽冷凝成水以后，从管箱下部的 B3 接管排出。为了控制壳体内发烟硫酸的液位，在壳体右下部发烟酸排出口 B2 接管的左侧内部设置了控制液位的隔液板，并且在壳体上还设计了检测液位的液位计口 L1、L2、L3 和 L4 接管。同时，出于设备安全考虑，还在壳体上部设置了压力检测口 P1、P2 接管，温度检测口 T1 接管，以及超压泄放用的爆破片接口 S1 接管。另外，在管箱上的蒸汽进口 A2 接管、冷凝水排出口 B3 接管和三氧化硫气体排出口 B1 接管上设置了压力检测口 S2、S3 接管。为了停车检修的需要，在壳体下部中间位置设计了排空用的排液口。

装配关系：U 形换热管束从壳体左端装入壳体下部，为了方便管束装入在壳体下部设置了两条支承导轨（件 10-45），在管束下部两侧同时设置了两个导向棒（件 7-24）。U 形管束是由左侧固定管板和 6 件支承板通过拉杆、定距管组装成管架，然后将弯曲半径不同的 U 形换热管，自弯曲半径从小到大的顺序逐层从管架右侧通过支承板对应的换热管管孔穿到固定管板上的管孔中，最后将换热管与固定管板焊接而成。固定管板与壳体设备法兰及管箱设备法兰之间，以及管箱平盖和管箱左侧设备法兰之间都是通过密封垫片和螺柱紧固连接。壳体上部的 B1 接管设计成通过可拆的平盖来改变接管规格尺寸的变径方式，是为了便于更换丝网除沫器。

性能参数：工作压力——壳程 0.037MPa，管程 0.75MPa。设计压力——壳程 1.6MPa，管程 1.0MPa。工作温度——壳程 115～145℃，管程 170～175℃。设计温度——壳程 160℃，管程 200℃。设计传热面积为 500m²。壳体规格为 $\phi1900mm \times 32mm$，管箱规格为 $\phi1480mm \times 14mm$，壳体和管箱主体材料为 16MnR 钢板。换热管规格为 $\phi25mm \times 3mm$，换热管材料为 10♯低中压锅炉管。要求壳程和管程的设计腐蚀裕量为 2.0mm，设备安装以后的外保温的保温层厚度为 100mm。

另外，施工总图上还对三氧化硫蒸发器的设计、制造和检验提出了所要遵循的标准、规范及具体对焊接、无损检测和水压试验等的要求。

小结

通过本模块的学习，要求掌握以下内容。
1. 熟悉常见化工设备的结构，掌握化工设备的结构特点。
2. 掌握化工设备图的作用和内容。
3. 熟悉化工设备图的图示方法，能够熟练阅读化工设备图。

教学建议

1. 为提高教学效果，建议采用多媒体教学手段，先认识典型化工设备的实物，总结典型设备的结构特点。
2. 通过一典型设备图的识读，了解设备图的图示特点，掌握设备图的识读方法和顺序。

思考与练习

想一想

1. 写出四种常见化工设备，并总结化工设备的结构特点。
2. 化工设备图的作用及内容有哪些？化工设备图有哪些表达特点？需标注哪些尺寸？
3. 化工设备常见的焊缝接头有哪些？在化工设备图上如何表示？

做一做

阅读图2-28反应罐的设备图回答下列问题。

1. 反应罐共有_____种零部件，其中标准件有_____种。
2. 反应罐接管口有_____个，接管 a 的作用是_____，接管 f 的作用是_____。
3. 图样采用了_____个视图，_____个局部剖视图，_____个局部放大图，主视图采用了_____表达方法。
4. 简体与上封头采用_____连接，与下封头采用_____连接，各接管与上封头采用_____连接。
5. 反应罐采用_____方式换热，传热面积为_____，换热介质为_____，共有_____个_____支座支承。
6. 反应罐上的手孔作用是_____，零件8称为_____，其作用是＿＿＿＿＿＿＿＿＿＿＿＿＿＿＿＿＿＿＿。

7. 反应罐内的工作压力为＿＿＿＿＿＿，夹套的工作压力为＿＿＿＿＿＿，罐内的工作温度为＿＿＿＿＿＿，夹套的工作温度为＿＿＿＿＿＿。

试一试

阅读书后所附设备图（洗涤塔），回答下列问题：

1. 该图的名称和比例如何？视图有哪些？采用了哪些表达方法？

2. 该图有多少种零部件？其中标准化零部件有多少种？各零部件的作用是什么？

3. 说明该图有几个接管及各接管的作用。

4. 设备的技术要求是什么？设备的工作压力和工作温度是多少？

5. 说明物料的走向。

模块三 工艺方块图的绘制与识读

< 学习目标

 知识目标

1. 熟悉工艺方块图绘制的基本原理、图示方法；
2. 熟悉工艺方块图的绘制方法和步骤；
3. 掌握工艺方块图的识读方法和步骤。

 能力目标

1. 能根据工艺方块图，识读工艺设备、原料及产品名称，物料间的相态变化；
2. 能根据工艺方块图，识读设备作用，工艺流程次序及生产步骤；
3. 贯彻制图国家标准及其他有关规定，具有查阅相应标准和技术资料的能力。

 素质目标

1. 养成认真负责的工作态度；
2. 培养严谨细致、精益求精的工作作风和科学的工作方法。

< 导语

　　化工生产从原料到制成目的产品，要经过一系列物理和化学加工处理步骤。工艺方块图不仅可以概略反映设计人员的设计意图，也是进行装置安装、了解工艺过程和指导生产依据的技术文件之一，因此是进行工艺流程交流的简明扼要而重要的工具。作为一线生产者，需要掌握绘制与识读工艺方块图的方法，由此了解整个化工生产的工艺流程。

课题 一
化工生产的认识

1. 化工生产的基本任务

化学工业、化学工程、化学工艺都简称为化工，即化工生产就是用化学方法改变物质组成、结构或制成目标产物的过程。

化工生产的基本任务归纳如下。

（1）研究产品生产的基本过程和反应原理；

（2）化工生产的工艺流程和最佳工艺条件；

（3）生产中运用的主要设备的构造、工作原理及强化生产的方法。

通常化工生产的基本任务是通过图样的形式表示。

2. 化工单元操作及其分类

一种产品在生产过程中，从原料到成品，往往需要几个或几十个加工过程，这些过程就是化学工业的生产过程，简称化工过程。

从工业原料经过化学反应获得有用产品的任一化工生产过程都可概括为原料预处理、化学反应和产物的分离三个步骤。第一步，依据化学反应要求对原料进行处理，多为物理过程。例如，固体原料破碎、磨细和筛分；原料提纯，除去有害杂质。第二步是化学反应过程，通过这个步骤完成从原料到产物的转化，它是整个化工生产过程的核心。第三步，由于化学反应的不完全及某些反应物的过量，副反应的存在，反应产物实际为未反应物、副产品和产品的混合物，要得到符合规格的产品，需要对产物进行分离和精制，如蒸馏、吸收、萃取、结晶等，主要也是物理过程。

由上述可见，化工生产可视为由物理过程和化学过程两类过程组成。考虑到被加工物料的不同相态、过程原理和采用方法的差异，可将物理过程进一步细分为一系列的遵循不同物理定律、具有某种功用的基本操作过程，称之为单元操作。化工产品生产的基本过程，都是由若干物理加工过程（即单元操作）和化学反应过程（即反应过程）组合而成。

从原料开始，物料流经一系列由管道连接的设备，经过包括物质和能量转换的加工，最后得到预期的产品，将实施这些转换所需要的一系列功能单元和设备有机组合的次序和方式，称为化工工艺流程，简称工艺流程。工艺流程反映了由若干个单元操作和反应过程按一定顺序组合起来，完成从原料变为目的产品的全过程。工艺流程的基本组成如图 3-1 所示，它仅包含了化工过程的主要阶段。

化工生产的
认识

笔记

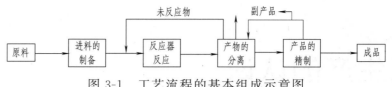

图 3-1　工艺流程的基本组成示意图

课题 二
工艺方块图的绘制

一、工艺方块图的图示方法

为描述化工生产过程，工程上通常用方块（矩形）表示所需单元操作、反应过程（也可表示用来完成该单元操作或反应过程的设备、车间或系统），用箭头表示物料流动方向，把从原料开始到最终产品所经过的生产步骤以图示的方式表达出来，这种工艺流程图就称为工艺方块图（也称为工艺方框图）。

图 3-1 就是工艺流程基本组成的工艺方块图。

在化工生产中，常常碰到一些很复杂的生产过程。例如氨碱法制纯碱的生产过程大致的步骤为：

（1）二氧化碳气和石灰乳的制备；

（2）盐水的制备、精制及氨化，制得氨盐水；

（3）氨盐水的碳酸化制重碱；

（4）重碱的过滤和洗涤；

（5）重碱煅烧制得纯碱成品及二氧化碳气；

（6）母液中氨的蒸馏回收。

如何描述上述从饱和食盐水氨化、碳酸化开始，经过过滤、煅烧、洗涤、滤液经蒸氨解吸、循环使用等这一系列复杂过程呢？显然，用语言和文字来描述这样一个复杂过程较烦琐，必须用简明的方法来表达这一生产过程，用图来描述要比文字更为方便、直观和简洁。工艺方块图解决了这个困难。

图 3-2 所示为氨碱法制纯碱的工艺方块图，简明扼要地反映氨碱法制纯碱的生产基本过程。

工艺方块图是化工流程图中最简单、最粗略的一种，它表示的是生产工艺的示意流程，通常在设计初期绘制，只是定性地描绘出由原料变化为成品所经过的化工过程或设备的主要路线。如果用来描述一个化工厂，一个方块

工艺方块图
的绘制

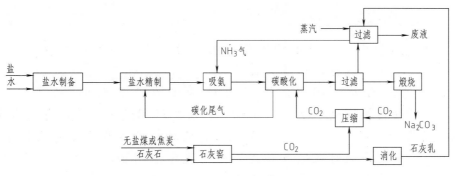

图 3-2　氨碱法制纯碱方块图

代表一个车间或系统；如果用来描述车间或系统，一个方块可代表一个加工处理单元或设备。方块之间用带箭头的直线连接表示车间或设备之间的管线连接。

工艺方块图形象直观地用较小篇幅传递较多的信息，是工厂设计的基础，也是操作和检修的指南，无论在化工生产、管理过程中或在化工过程开发和技术革新设计时，还是在查阅资料或参观工厂时都要用到。另外，用工艺方块图进行各种衡算，既简单、明了、醒目，也很方便。因此学会识读和绘制工艺方块图具有重要意义。

二、工艺方块图的绘制

由图 3-2 可以看出，工艺方块图是一种示意性的展开图，主要内容包括：表示单元操作、反应过程或车间、设备的矩形方块；物料由原料变成半成品或成品的运行过程——工艺流程线等。工艺方块图的绘制步骤如下。

（1）根据原料转化为产品的顺序，从左自右、从上到下用细实线绘出表示单元操作、反应过程或车间、设备的矩形，次要车间或设备按需要可以忽略。要保持它们的相对大小，以在矩形内能标注该单元操作、反应过程或车间、设备为宜，同时各矩形间应保持适当的位置，以便布置工艺流程线。

（2）用带箭头的细实线在各矩形间绘出物料的工艺流程线，箭头的指向要和物料的流向一致，并在起始和终了处用文字注明物料的名称或物料的来源、去向。

（3）若两条工艺流程线在图上相交而实际并不相交应在相交处将其中一条线断开绘出。

（4）流程线可加注必要的文字说明，如原料来源、产品、中间产物、废物去向等。物料在流程中的某些参数（如温度、压力、流量等）也可在流程线旁注出。

📝笔记

即学即练

1. 工艺方块图是一种示意性展开图，用方块（矩形）表示_____、_____或车间、设备，用箭头表示_____。

2. 绘制工艺方块图时，根据原料转化为产品的顺序，_____、_____用细实线绘制出反应单元操作、反应过程或车间、设备的方块。

3. 用带箭头的_____表示单元操作间物料的流程线，箭头的指向要和_____一致，同时在始点和终端处用文字注明物料来源、去向，物料在流程中的某些参数也可在流程线旁注出。

4. 如果两条工艺流程线在图上相交而实际不相交，需要将其中一条流程线_____绘出。

答案：1. 反应单元操作、反应过程、物料的流向；2. 自左向右、从上到下；3. 细实线、物料的流向；4. 断开

课题 三
工艺方块图的识读

一、工艺方块图工程实例

图 3-3 是我国某大型化肥企业引进的粉煤化技术生产合成氨方块图。

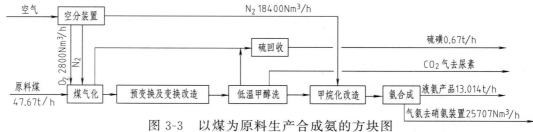

图 3-3 以煤为原料生产合成氨的方块图

工艺流程说明：图 3-3 所示是以煤为原料生产合成氨的工艺方块图，每个方块代表一个装置（或工序），装置（或工序）的名称（如空分装置、低温甲醇洗）在方块中表示，图左端表示从原料煤出发，图右端箭头所指表示最终产品。

二、系统工艺方块图的识读方法

常见的工艺方块图大多为系统工艺方块图，即指化工生产过程中某一个

工艺方块图的识读

工艺系统（一个车间或一个工段等）的工艺方块图。识读的目的主要是了解该工艺系统工艺流程原理概略；了解由原料到产品过程中各物料的流向和经历的加工步骤；了解该系统的单元操作、化学反应过程或主要设备的功能及其相互关系、能量的传递和利用情况、副产物和"三废"的处理及排放等重要工艺和工程信息，为今后专业学习、生产操作提供帮助。

识读的步骤是：

（1）了解原料、产品的名称或其来源、去向；

（2）按工艺流程次序，了解从原料到最终产品所经过的生产步骤；

（3）大致了解各生产步骤（或设备、装置）的主要作用。

三、系统工艺方块图的识读分析

下面以图 3-4、图 3-5 为例对系统工艺方块图进行识读分析。

图 3-4　空压站方块图

从图 3-4 可以看出，原料为空气，产品为纯净空气。空气经压缩机压缩后送到冷却器，冷却后的空气先后送到气液分离器和干燥器进行脱水，脱水的空气送到除尘器经除尘后得到纯净的空气送进储气罐储存备用。

该压缩站由机器和设备组成，机器指压缩机，设备指冷却器、气液分离器、干燥器、除尘器、储气罐等设备。

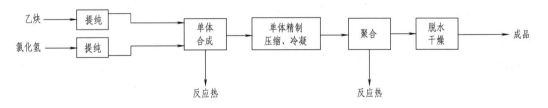

图 3-5　聚氯乙烯塑料生产方块图

从图 3-5 可以看出，原料为乙炔和氯化氢，产品为聚氯乙烯塑料。乙炔和氯化氢经分别提纯后进行合成反应制取聚乙烯单体，然后对聚乙烯单体进行精制，除去未反应的氯化氢、其他副反应物及杂质，将精制后的聚乙烯单体气体压缩、冷凝达到聚合反应所需的纯度和聚集状态，聚合后所得的聚氯乙烯塑料颗粒和水的悬浮液经脱水、干燥后即可得到聚氯乙烯塑料产品。

总结：通过生产方块图，可以简洁明了地了解到从原料到产品整个工艺中所经过的物理和化学过程。

笔记

 —————— 小结

　　工艺方块图是一种粗略化工流程图，可用于简单描述一个化工生产过程的基本原理及所用方案。学会识读和绘制工艺方块图是学习其他化工流程图及专业知识的重要基础。

　　1. 识读的步骤

　　（1）了解原料、产品的名称或其来源、去向；

　　（2）按工艺流程次序，了解从原料到产品所经过的生产步骤；

　　（3）大致了解各生产步骤（或设备、装置）的主要作用。

　　2. 工艺方块图的绘制步骤

　　（1）根据原料转化为产品的顺序，从左自右、从上到下用细实线绘出表示单元操作、反应过程或车间、设备的方块。

　　（2）带箭头的细实线表示单元操作间物料的流程线，箭头指向要和物料流向一致，在始点和终端用文字注明物料来源、去向。

　　（3）若两条工艺流程线在图上相交而实际不相交，应在相交处将其中一条线断开绘出。

　　（4）流程线加注必要的文字说明，如原料来源、产品、中间产物、废物去向等。物料的某些参数（如温度、压力）也可在流程线旁注出。

 —————— 教学建议

　　1. 为提高教学效果，建议采用多媒体教学手段。

　　2. 建议带领学生到化工企业参观某一流程，增强感性认识，再进行教学。

 —————— 思考与练习

想一想

　　1. 什么是化工单元操作？

　　2. 系统工艺方块图的图示方法如何？系统工艺方块图的识读步骤有哪些？

　　3. 如何绘制生产方块图？

做一做

　　1. 请到化工企业参观一个车间或一个工段，绘出该车间或工段的工艺方块图。

　　2. 识读习题图3-1的尿素生产方块图，并回答问题。

（1）原料为_____和_____，产品为_____。

（2）_____经预热后与_____进行合成反应，得到的混合物经_____除去未反应物、经_____去杂质，然后_____除去水分，最后通过造粒即可得到颗粒状_____产品。

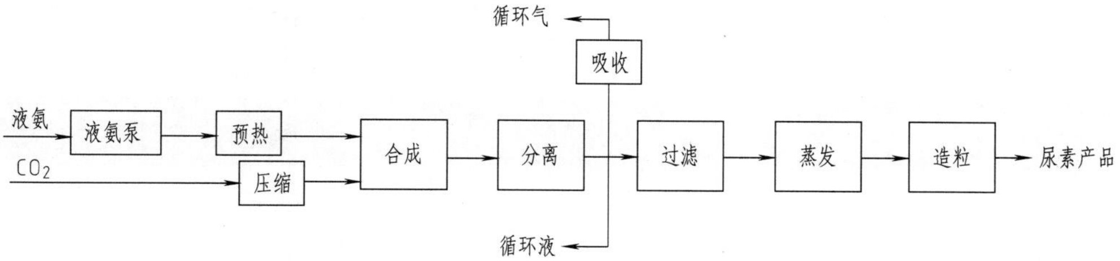

习题图 3-1　尿素生产方块图

3. 识读习题图 3-2 甲醇回收方块图，并回答问题。

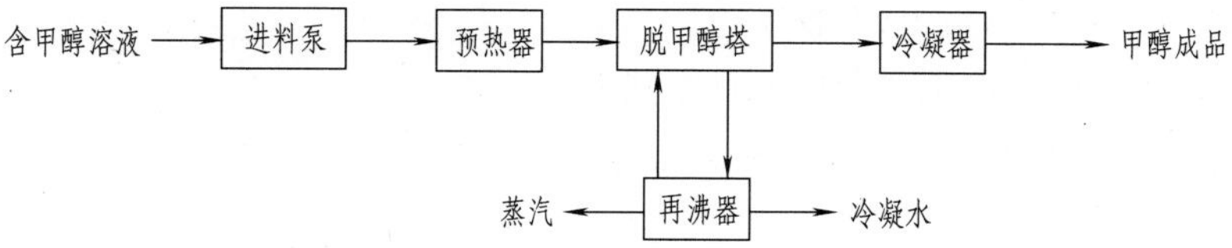

习题图 3-2　甲醇回收方块图

（1）原料为_____，产品为_____。

（2）含甲醇溶液通过_____将其打入_____，经过_____的含甲醇溶液被送进脱甲醇塔，由_____对脱甲醇塔内的含甲醇溶液进行_____，汽化后的_____由脱甲醇塔进入_____，经冷凝器冷凝后即可得到成品_____。

（3）该系统共有机器_____台、设备_____台，自左到右分别为_____、_____、_____、_____、_____。

试一试

尝试通过附图中所给的物料流程图画出其系统的生产方块图。

模块四 PFD图和PID图的识读

流程图 1

流程图 2

流程图 3

学习目标

知识目标

1. 熟悉 PFD 图的标识方法；
2. 熟悉 PID 图的标识方法；
3. 掌握 PFD 图的识读顺序和方法；
4. 掌握 PID 图的识读顺序和方法。

能力目标

1. 能根据 PFD 图，识读化工设备概况，进出设备的物料名称、组成，以及各个设备的作用、物料的变化等；

2. 能根据 PID 图，识读物料的工艺流程，根据生产情况，调节控制设备、阀门、仪表的控制点，以及各物料的流向。

素质目标

具备安全生产、环保的意识，培养团队协作的工作作风。

导语

作为化工生产一线的技术工人，要保证产品优质，生产中的首要任务之一是熟悉整个生产的工艺流程和最佳工艺条件，做到心中有数。通过流程图可方便快捷地了解物料的工艺流程，设备的数量、名称和位号，管路的编号及规格，各控制点的部位和名称，所以应具备识读工艺流程图的技能。

通过本模块的学习，首先应了解工艺流程图的分类和基本知识，熟悉流程图的图示方法，掌握识读 PFD 图和 PID 图的顺序和步骤。

📄 笔记

课题 一
化工生产工艺流程的认识

一、化工生产工艺流程概述

化工生产技术通常是对一定的产品或原料提出的，例如硝胺的生产、甲醇的合成、硫酸的生产等，在生产中都有其特殊性，需要解决的共同问题是：原料和生产方法的选择；流程组织；所用设备（反应器、分离器、热交换器等）的作用、结构和操作；催化剂及操作条件的确定；生产控制；产品规格及副产品的分离和利用；安全技术和技术经济等问题。其中生产工艺流程组织是关键的一环。

化工生产工艺流程即化工技术或化学生产技术，指将物料经过化学反应转变为产品的方法和过程，包括实现这一转变的全部措施。化学生产过程可概括为三个主要步骤。

（1）原料处理　根据具体情况，不同的原料需要经过净化、提纯、混合、乳化或粉碎（对固体原料）等预处理，使原料符合进行化学反应所要求的状态和规格。

（2）化学反应　经过预处理的原料，在一定的温度、压力等条件下进行反应（如氧化、还原、复分解、磺化、异构化、聚合等），以达到所要求的反应转化率和收率，获得目的产物或其混合物。

（3）产品精制　将目的产物或混合物分离，除去副产物或杂质，以获得符合组成规格的产品。每一步都需在特定的设备中，一定的操作条件下完成化学反应和物理的转变。

二、系统设备、控制件及仪表控制点的组成

在实现原料到目的产物的整个生产工艺中，系统由生产装备，管道输送系统及仪表控制附件组成。

生产装备包括动设备和静置设备，动设备指生产中提供动力的机械如泵、压缩机等；静置设备指化工容器如合成塔、换热器、储罐等。管道输送系统即物料传送系统，由管道组成件和仪表控制附件组成，管道组成件包括管子和管件（弯头、三通、法兰等），仪表控制附件包括阀门和各种检测仪表（压力表、温度仪和视镜等）。

笔记

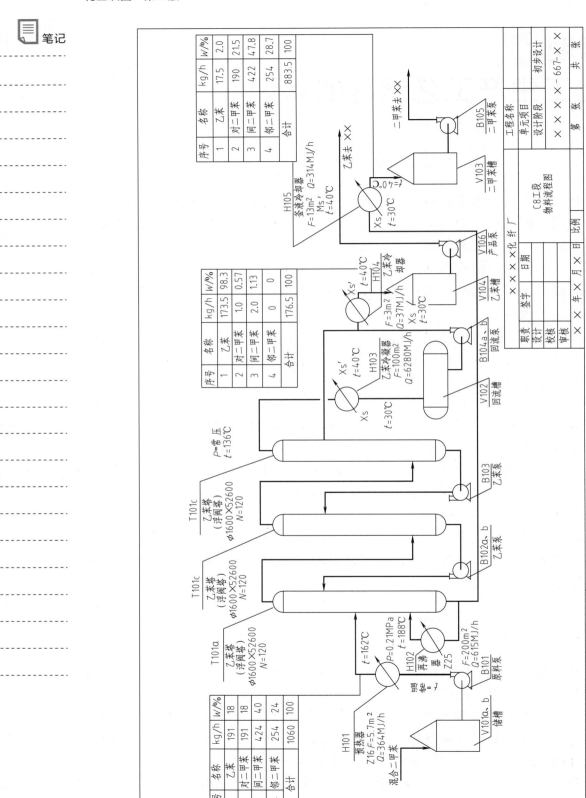

图 4-1 物料流程图

生产工艺流程一般通过流程图表示，清楚明了，一目了然。

化工工程应用的流程图有很多种，如PFD图、能量流程图、工艺流程图、PID图等。

（1）PFD图，即物料流程图，其定义与图示方法、识读方法在后详述。如图4-1所示。

（2）能量流程图，用来描述界区内主要消耗能量的种类、流向与流量，以满足热量平衡计算和生产组织与过程能耗分析的需要。如图4-2所示，图面组成如下：

① 由带箭头的物流线与若干表示车间或工段的方框构成；

② 在物流线上方需标注能源的种类、流向与流量。

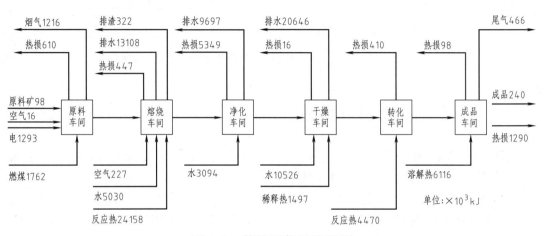

图4-2　某酸厂能量流程图

（3）工艺流程图，用来表示一个工厂或生产车间工艺流程与相关设备、辅助装置、仪表与控制要求的基本概况，供化学工程、化工工艺等各专业的工程技术人员使用与参考，是化工企业工程技术人员和管理人员使用最多、最频繁的一类图纸。包括：

① 全厂总工艺流程图，即物料平衡图，描述全厂的流程概况，为项目初步设计提供依据。如图4-3所示，图面组成如下：

由带箭头的物流线与若干表示车间或工段及物料名称的方框构成；

方框内应标明车间的名称，在物流线上方需标注物料的种类、流向与流量。

② 方案流程图，通常在物流平衡图基础上绘制，用来描述化工过程的生产流程和工艺路线的初步方案。常用于化工过程的初步设计，也可作为进一步设计的基础。

（4）PID图，即管道和仪表流程图，由物料流程、控制点和图例三部分组成。一般在完成设备设计而且过程控制方案基本确定之后绘制。PID图的定义与图示方法、识读方法在后详述。

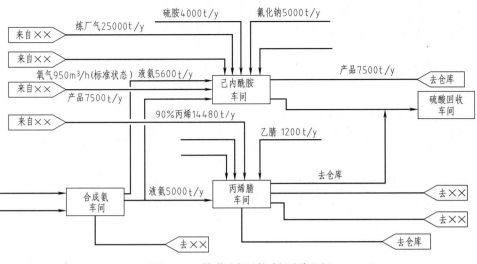

图 4-3　某化纤厂物料平衡图

三、工艺流程图的实例

图 4-1 所示为乙苯与二甲苯分离的物料流程图，清楚地表示了整个系统的生产装备，物料的来源去向及物料的特性。

要熟悉整个系统的生产工艺流程，识读工艺流程图是关键。本模块主要介绍 PFD 图和 PID 图的识读。首先应熟悉 PFD 图和 PID 图的图示方法，掌握识读的顺序和步骤。

PFD 图的图示及识读

一、PFD 图的基本知识

PFD 图是一种以图形与表格相结合的形式反映物料衡算结果的图样。

PFD 图是在设计过程中完成物料衡算和热量衡算之后绘制的，即可为设计审查提供资料，又可为进一步设计提供重要数据，还可供日后的生产操作参考。

二、PFD 图的表示方法

图面由带箭头的物料线与若干表示生产装置区、工段（或设备、装置）

的简单的外形图构成。图中须标注：装置设备或工段的名称及位号、特性参数；带流向的物料线；物料表，对物料发生变化的设备，要从物料管线上引线列表表示该处物料的种类、流量、组成等，每项均应标出其总和数。如图 4-4 示。

序号	物料名称	流量 /(kmol/h)	组成 /(mol%)
1	乙苯	1.630	98.30
2	对二甲苯	0.009	0.57
3	间二甲苯	0.019	1.13
4	邻二甲苯	0	0
合计		1.658	100.00

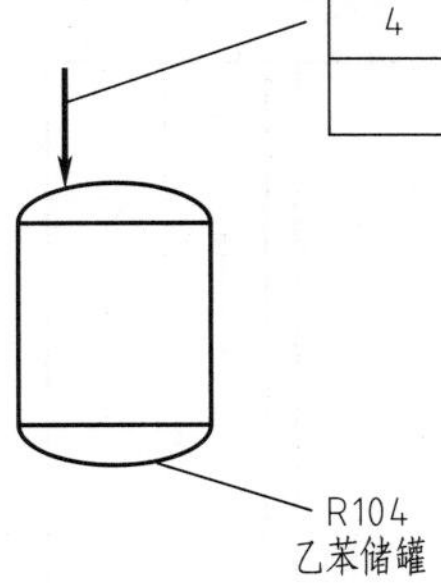

R104
乙苯储罐

图 4-4 PFD 图（部分）内容示意图

PFD 图一般以车间或装置为单位进行绘制。

PFD 图的表示方法：采用自左至右的展开式，先画流程图，再标注物料变化的引线列表，物料管线用粗实线，设备引线及表格等用细实线表示。

当物料组分复杂、变化多，在流程图中列表有困难时，如列表太挤或者流程图延长较多等，也可在流程图的下部，按流程图的顺序自左至右列表，并编排顺序号，以便对照查阅。

三、PFD 图的识读顺序和方法

（1）PFD 图的识读顺序按照先读设备概况，其次识读主要物料流程，再看主要物料的变化表进行。

（2）物料流程图的识读方法与方框图的识读相同，在此不再赘述。

四、PFD 图识读分析

图 4-5 所示为某空压站的物料流程图，由图中可以看出：

（1）空压站的主要设备组成：卧式单列三级空压机 C0601A-C 共三台；后冷却器 E0601 一台，$F = 57\text{m}^2$；气液分离器 V0601 一台，$F = 57\text{m}^2$；干燥器 E0602A-B 两台，$F = 57\text{m}^2$；除尘器 V0602A-B 两台，$F = 57\text{m}^2$；储气罐 V0603 一台，$V = 100\text{m}^3$。

笔记

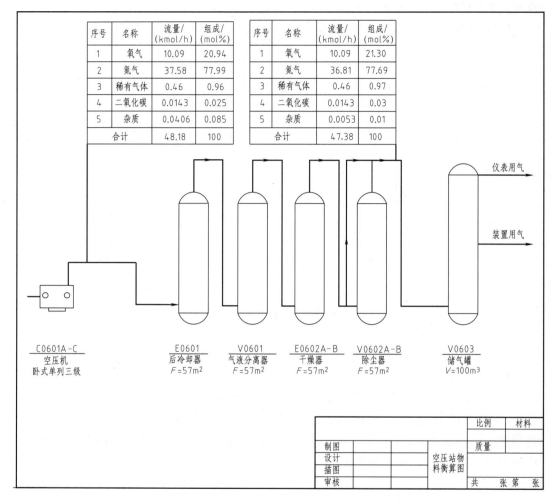

序号	名称	流量/(kmol/h)	组成/(mol%)
1	氧气	10.09	20.94
2	氮气	37.58	77.99
3	稀有气体	0.46	0.96
4	二氧化碳	0.0143	0.025
5	杂质	0.0406	0.085
合计		48.18	100

序号	名称	流量/(kmol/h)	组成/(mol%)
1	氧气	10.09	21.30
2	氮气	36.81	77.69
3	稀有气体	0.46	0.97
4	二氧化碳	0.0143	0.03
5	杂质	0.0053	0.01
合计		47.38	100

图 4-5　物料流程图

（2）主要物料的工艺流程：经空压机压缩后的空气，进入后冷却器 E0601 冷却。冷却后的压缩空气进入气液分离器 V0601，进行气液分离。从气液分离器出来的气体再进入干燥器 E0602A-B，进行干燥。干燥后的气体进入除尘器 V0602A-B 除尘，最后进入储气罐 V0603，为仪表及生产装置供气。

（3）从物料表格中可知，空压站经压缩机压缩后的空气主要组成为 O_2、N_2、稀有气体、CO_2、杂质，以及每种成分的摩尔组成和摩尔流量，如 O_2 占 20.94%，摩尔流量为 10.09kmol/h，空气总摩尔流量为 48.18kmol/h。经冷却、气液分离、干燥、除尘等处理后，O_2 摩尔组成 21.30%，摩尔流量为 10.09kmol/h，空气总摩尔流量为 47.38kmol/h，处理后杂质含量明显降低。其他成分在处理前后的组成和摩尔流量自己识读。

即学即练

1. 了解空压站的主要设备组成情况，该工段共有＿＿＿＿＿＿台设备，设备的类型分别为：＿＿＿＿＿＿＿＿＿＿＿＿＿＿＿＿＿＿＿。

2. 阅读流程图，该流程主要物料为＿＿＿＿＿＿，经空压机压缩后，进入＿＿＿设备进行冷却，然后进入＿＿＿＿＿＿设备内进行气液分离，分离后的气体，经＿＿＿＿设备除去水分，干燥后的气体再经除尘器进行除尘，最后进入＿＿＿＿＿＿，为仪表和生产装置提供用气。

3. 识读物料表格，经空压机压缩后的空气的主要成分为＿＿＿＿＿＿＿＿＿＿＿＿＿，其中杂质的摩尔流量为＿＿＿＿＿＿，含量为＿＿＿＿＿＿，经冷却、气液分离、干燥、除尘等处理后，杂质的摩尔流量为＿＿＿＿＿＿，含量为＿＿＿＿＿＿，处理前后参数明显发生变化。

答案：1. 10、动设备例如空压机，静置设备例如换热设备、储存设备，净化设备等；

2. 空气、冷却器、气液分离设备、干燥器、储气罐；

3. O_2、NH_3（气）、稀有气体、CO_2、杂质，0.0406kmol/h、0.085％、0.0053kmol/h、0.01％。

课题 三

PID 图的图示及识读

一、PID 图的基本知识

PID 图分为工艺管道及仪表流程图、辅助系统管道及仪表流程图。它是在方案流程图的基础上绘制的，是设备布置图与管道布置图的设计依据，也是指导施工、操作运行及检修的指南。

二、PID 图的表示方法

1. PID 图的内容

PID 图一般以工艺装置的主项（工段或工序）为单元绘制，也可以装置为单元绘制。由于绘制 PID 图时，已经完成了相关的一些计算环节，所以，PID 图一般要求将化工工艺和所需的全部设备、机器、管道阀门及管件、仪表等尽可能地表示出来，内容更详细，但仍然是一种示意性的展开图。主要包括以下内容。

（1）带有位号、名称和管口的各种设备示意图；

（2）带有物料代号、管段序号规格和阀门以及仪表控制点等各种管道流程线，流程线上箭头表示物料流向；

（3）表示管件、阀门和控制点（如测温、测压、取样点等）图例符号的说明。如图 4-6 所示。

2. PID 图的表示方法

（1）选图幅定比例　由于图样为示意性的展开图，图形多呈长方形，因而图幅常采用 A$_1$ 或加长的规格。PID 图不按比例绘制，设备的图例只取相对的比例，图面应协调美观。

（2）设备位置高低的表示　用细实线确定地平线的位置，相对示意出各位置的高低，如图 4-7 所示。

（3）设备的表示　根据流程自左至右用细实线画出设备的简略外形和内部特征（如塔的填充物和塔板、容器的搅拌器和加热管等）。对于过大或过小的设备，可适当缩小或放大。常用设备的画法见附表 1、附表 2。画图时注意各设备间要留有一定的距离，以便布置管道流程线等。

对图中的每个设备都应编写设备位号及注写设备名称，设备位号的组成如图 4-8 所示。

① 设备分类代号及图例，见附表 2。

② 主项代号采用两位数字，从 01 开始编写，一般由工程总负责人给定。

③ 设备顺序号用两位数字，从 01、02、03 开始表示。相同设备的尾号则用大写英文字母 A、B、C 表示区别同一位号的相同设备。

（4）画流程线　带控制点的工艺流程图中的工艺管道流程线用粗实线绘制。对于辅助管道、公用系统管道只画出与设备相连的一小段，并在此管段上标出物料代号及该辅助管道或公用系统所在流程图中的图号。

管道流程线上除画出流向箭头及用文字标明其来源或去向外，还应用管道号进行标注，如图 4-9 所示。管道号一般包括五个部分：

① 物料代号。物料代号见模块一中的表 1-6。

② 管道编号。由该管道所在工序的工程工序编号和管道顺序组成。

③ 管道的公称通径。公制管只标数字（单位：mm），如 PG 0801—50。英制管需标注英寸符号，如 1/2 英寸、4 英寸。

④ 管道等级。一般不做标注，但对高压、高温等系统一定要标注。

⑤ 隔热、保温、防火、隔声代号。

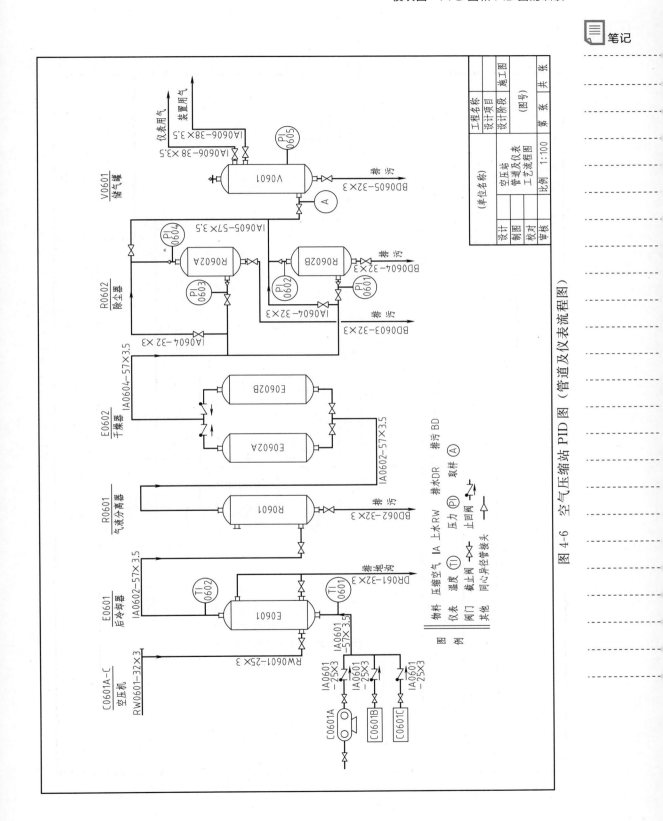

图 4-6 空气压缩站 PID 图（管道及仪表流程图）

067

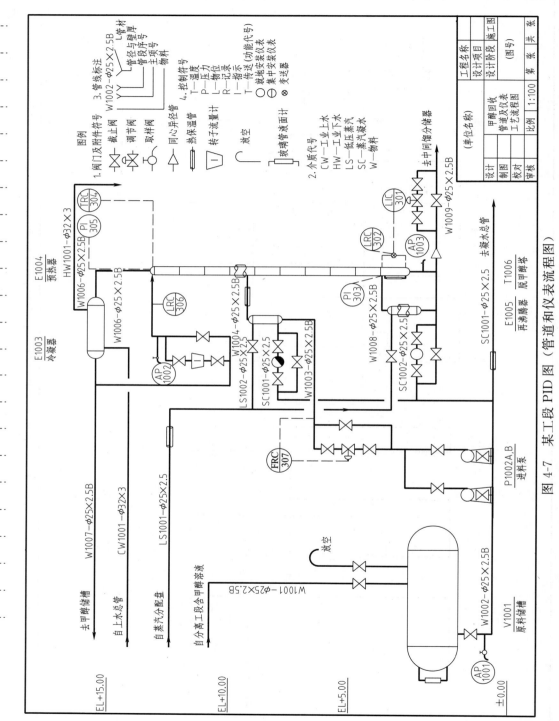

图 4-7　某工段 PID 图（管道和仪表流程图）

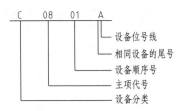

图 4-8　设备位号的组成

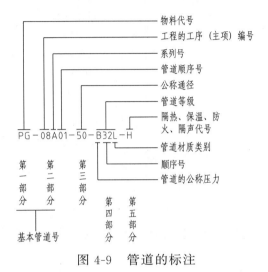

图 4-9　管道的标注

（5）仪表、阀门和取样点的表示方法　管道上的阀门及其他管件应用细实线按标准所规定的图例在相应处画出，并标注其规格代号。现摘录"管道及仪表流程图上的管子、管件、阀门及管道附件的图例"和管路系统的图形符号阀门和控制元件（HG/T 20519—2009）中的部分内容，分别见附表1和附表3，供识读工程图时参考。

PID图中的仪表控制点以细实线在相应的管道上用符号画出，符号包括图形符号和字母数字符号，字母表示工业仪表所检测参数和功能，数字表示仪表的位号；与图形符号结合表示此仪表控制点的用途及安装位置。表示仪表安装位置的图形符号见表4-1，字母代号见表4-2。

表 4-1　仪表安装位置的图形符号（HG/T 20519—2009）

序号	安装位置	图形符号	备注	序号	安装位置	图形符号	备注
1	就地安装仪表	○	嵌在管道中	3	就地仪表盘面安装仪表	⊖	
		⊢○⊣		4	集中仪表盘后安装仪表	⊜	
2	集中仪表盘面安装仪表	⊖		5	就地仪表盘后安装仪表	⊜	

注：1. 仪表盘包括屏式、柜式、框架式仪表盘和操纵台等。

2. 就地仪表盘面安装仪表包括就地集中安装仪表。

3. 仪表盘后安装仪表，包括盘后面、柜内、框架上和操纵台内安装的仪表。

表 4-2　表示被测变量和仪表功能的字母代号

字母	第一位字母		后继字母	字母	第一位字母		后继字母
	被测变量或初始变量	修饰词	功能		被测变量或初始变量	修饰词	功能
A	分析		报警	N	供选用		供选用
B	喷嘴火焰		供选用	O	供选用		节流孔
C	电导率		控制	P	压力或真空		试验点（接头）
D	密度			Q	数量或件数	积分、积算	积分、积算
E	电压（电动势）		检出元件	R	放射性		记录或打印
F	流量	差		S	速度或频率	安全	开关或联锁
G	尺度（尺寸）		玻璃	T	温度		传送
H	手动（人工触发）	比（分数）		U	多变量		多功能
I	电流		指示	V	黏度		阀、挡板、百叶窗
J	功率			W	重量或力		套管
K	时间或时间程序	扫描	自动-手动操作器	X	未分类		未分类
L	物位		指示灯	Y	供选用		继动器或计算器
M	水分或湿度			Z	位置		驱动、执行或未分类的执行器

（6）编制图例（代号、符号及其他标准的说明）、填写标题栏

三、PID 图的识读顺序和方法

如图 4-6 所示为空气压缩站的 PID 图（即管道和仪表流程图）。

1. 工艺说明

待处理的空气经空压机压缩进入后冷却器冷却，经气液分离器将空气进行气液分离。再进入干燥器进行干燥，然后进入除尘器除尘净化，最后进入储气罐储存，为仪表及生产装置使用。

2. PID 图的识读顺序

一般 PID 图识读的顺序如下：
（1）了解情况浏览图纸，读工艺说明，熟悉图例；
（2）熟悉设备的名称、位号及数量，熟悉主要物料及辅助物料的流程；
（3）掌握主要物料的流程及控制情况；
（4）了解其他辅助流程线和控制点情况。

3. PID 图的识读方法

现以图 4-6 为例介绍识读 PID 图的步骤。
（1）了解标题栏。从标题栏中了解所读图样的名称、设计者以及设计阶

段，了解此图样共分为几张，此图是第几张等。

（2）了解图例说明。从图例说明中了解各种图形符号、代号的意义以及管道的标注等。

（3）熟悉整个流程设备组成情况及设备的名称、数量及位号等。本流程共有空压机 C0601A-C 三台；后冷却器 E0601 一台；气液分离器 V0601 一台；干燥器 E0602A-B 两台；除尘器 V0602A-B 两台；储气罐 V0603 一台，共 10 台机器设备。

（4）了解主要物料流程线。空气的压缩、冷却、分离、干燥、除尘处理是主要流程线。

（5）了解其他流程线。冷却水冷却排污流程为辅助流程。

四、PID 图的识读分析

图 4-6 归纳分析如下。

（1）从标题栏中了解此图样为施工阶段的空气压缩的管道仪表工艺流程图和设计者等。

（2）本流程设备组成情况：从图 4-6 中看出，卧式单列三级空压机位号 C0601A-C 共三台，型号相同；后冷却器（位号 E0601）一台；气液分离器（位号 V0601）一台；干燥器（位号 E0602A-B）两台；除尘器位号 V0602A-B 两台；储气罐（位号 V0603）一台。共 10 台设备。

（3）主要物料流程线情况：经空压机压缩后的空气，沿管路（IA0601-57×3.5）经测温点 $\widehat{\text{TI}_{0601}}$ 进入后冷却器。冷却后的压缩空气经测温点 $\widehat{\text{TI}_{0602}}$ 进入气液分离器，除去油和水的压缩空气经取样点 Ⓐ 进入储气罐后，送至外管线供仪表和装置使用。

（4）其他辅助流程线情况：冷却水沿管路（RW0061-25×3）经截止阀进入后冷却器，与温度较高的压缩空气进行换热后，经管路（DR0601-32×3）进行排水。

（5）控制点的情况：空压站的工艺流程中，阀门主要有两种，一种是止回阀，共 5 个装在空压机出口和干燥器出口处，其他均为截止阀。

仪表控制点共有 7 个：温度显示仪 2 个；压力显示仪表 5 个，均采取就地安装的方式。

⚡ 即学即练

1. 浏览图纸。从标题栏中了解此图样为_____设计阶段的空压站的管道及仪表工艺流程图，比例为_____。

笔记

2. 看设备，熟悉设备的名称、位号及数量。该流程共有＿＿台设备，由左至右分别为＿＿＿＿＿＿＿＿＿＿＿＿＿＿＿＿＿。其中动设备有＿＿台，静置设备有＿＿＿台。除尘器有＿＿＿台，位号为＿＿＿。

3. 阅读流程图，了解主要物料流向。来自空压机压缩后的空气，沿管路（IA0601-57X3.5）经测温点＿＿＿进入后冷却器。冷却后的空气，沿管路＿＿＿＿（代号）进入气液分离器，其管道规格为＿＿＿＿，气体再经干燥和除尘，经取样点＿＿＿＿，最后进入储气罐，再送至仪表和装置使用。

4. 了解其他辅助流程线。辅助流程线为排水和排污的流程，经后冷却器冷却后的空气，再经气液分离器除去液体水分后，经管路＿＿＿＿（代号），管道规格为＿＿＿＿，进行排污。

5. 了解控制点情况。空压站的工艺流程中，主要物料流程线共经过＿＿＿个控制点，＿＿＿＿个取样点。温度仪表共有＿＿＿个，分别装在＿＿＿的进口和出口处。取样点有＿＿＿个，装在＿＿＿＿。在除尘器出入口安装有＿＿＿仪表，安装的方式为＿＿＿。

答案：1. 施工，1：100；

2. 10，压缩机、后冷却器、气液分离器、干燥器、除尘器、储气罐，3，7，2，R0602a\R0602b；

3. TI 0601，IA0602，57×3.5，A；

4. BD062，32×3；

5. 7，1，2，后冷却器，1，储气罐的进口，压力，就地。

小结

本模块主要讲解化工生产流程图的分类、图示方法和识读，重点是识读PFD图和PID图的顺序和方法。难点是PID图的识读。

1. 流程图的分类：

（1）PFD图（物料流程图）；
（2）能量流程图；
（3）工艺流程图包括全厂总工艺流程图、方案流程图等；
（4）PID图（管道和仪表流程图）。

2. PFD图的识读顺序和方法

（1）设备概况；
（2）主要物料及辅助物料流程；

（3）主要物料的变化表的识读。

3. 识读 PID 图的顺序和方法

（1）了解情况浏览图纸，读工艺说明，熟悉图例；
（2）熟悉设备的名称、位号及数量，熟悉主要物料及辅助物料的流程；
（3）掌握主要物料的流程及控制情况；
（4）了解其他辅助流程线和控制点情况。

教学建议

1. 在学习本模块内容前，应带学生到实验室或实训车间参观、实习，让学生对化工生产、生产设备以及生产装置有一个感性的认识与了解。

2. 教学过程中，应注重图的基本知识和识读。

3. 教学过程中，应注意实训设备或装置与课堂教学的相对应，要采用看（实训装置）、讲（课堂教学）、做（学生自己动手）一体化的教学模式。

思考与练习

想一想

1. 工艺流程图的分类。
2. PFD 图和 PID 图的图示特点。
3. 识读 PFD 图和 PID 图的顺序和步骤。

做一做

1. 如图 4-1 所示物料流程图为乙苯与二甲苯分离的工艺流程图。

通过识读乙苯与二甲苯分离工段的工艺流程回答下列问题：

（1）了解到乙苯与二甲苯分离工段的主要设备组成情况，设备的名称分别为_____，对应的位号分别为_____，共有_____台设备。

（2）该流程主要物料为_____，其工艺流程处理的走向为_____，经处理各组分的参数发生了变化，如进入预热器前的物料中乙苯的质量百分数为_____，处理后进入乙苯槽时乙苯的质量百分数为_____。

（3）识读物料表格，分离前含甲苯的乙苯溶液的主要成分为_____，如乙苯的摩尔流量为_____，含量为_____，邻二甲苯的含量为_____；分离后乙苯的摩尔流量为_____，含量为

_____，邻二甲苯的含量为_____；分离前后参数明显发生变化。

2. 如图4-7所示，来自分离工段的含甲醇溶液进入储槽，经进料泵将物料加压后送入预热器预热，预热后的物料送入脱甲醇塔。塔内物料经再沸器加热，汽化的甲醇由塔顶进入塔顶冷凝器，冷却后的甲醇一部分回流至脱甲醇塔，另一部分去甲醇成品储槽。脱甲醇残液由塔底出塔去中间馏分储槽。

通过识读图4-7，回答下列问题：

（1）从标题栏中了解此图样的设计阶段为_____，图样名称为_____，设计者等情况。

（2）本流程设备组成情况：设备名称分别为_____，位号分别为_____，共有_____台设备。

（3）主要物料为来自分离工段的含甲醇的溶液，其管线的代号为_____、管道规格为_____、走向为_____。主要经过设备为_____，经过_____个控制点，_____个取样点。

（4）辅助流程线为上水和蒸汽的流程，来自蒸汽分配盘的蒸汽管线的代号为_____、管道规格为_____、走向为_____。主要经过设备为_____，经过_____个控制点，_____个取样点。

（5）本流程控制点的类型为_____、安装的方式为_____。

试一试

尝试读附图中萃取装置的物料流程图和管道及仪表工艺流程图。

1. 识读PFD图，回答以下问题：

（1）萃取分离装置中设备组成、名称、数量；

（2）预处理物料及CO_2流程走向、流经的主要设备；

（3）萃取分离前后物料表的识读，预处理物料的成分、组成、参数变化。

2. 识读PID图，回答以下问题：

（1）熟悉萃取分离装置中设备的名称、位号、数量及相关设备的参数；

（2）掌握预处理物料及CO_2流程及相应控制点的设置情况；

（3）预处理物料流程中控制点种类、安装位置、数量；

（4）了解低压蒸汽流程线和相应控制点设置情况。

管道单线图的识读

 知识目标

1. 了解化工管路的组成，知道化工管路的表示方法，熟悉施工图尺寸标注和图例符号的含义；
2. 知道工艺流程图纸的识读方法。

 技能目标

1. 能阅读工艺图，明确管道的布置、材质、走向、规格；
2. 能通过流程图对管路进行操作运行。

 素养目标

1. 培养分析问题和解决问题的能力；
2. 培养团队协作能力。

导语

本模块主要介绍管道单线图绘制的基本原理和表示方法、绘制常用的标准和图例等，通过学习掌握识读管道单线图的基本方法。本模块重点是管道单线图的绘制和识读方法，难点是把管道轴测图绘制的基本原理和基本要求应用到图纸识读中。

当你走进车间厂区，面对成排重叠交叉、错综复杂的管线，一定急于想弄清它的来龙去脉，掌握工艺的操作条件，安全进行生产和管理，那么你需要具备识读管道单线图的能力，与你的同事或技术人员进行交流协作，才能更好地完成生产任务。

管道单线图是管道布置图的一种，是施工和生产阶段最重要的一种图

笔记

样。通过单线图的识读，可以明确设备的具体管口方位，按流程逐条查到管道及附件的平面位置及准确定位。

正如学习语文，需要掌握一定数量的字词和语法规则，现在应走的第一步是：了解管道系统的组成，熟悉组成件在图中的表示方法，将图与实物有机联系在一起，更好地进行生产。

课题一
化工管路的认识

一、化工管道的结构组成

设备合理布置后，通过管道把设备有机连接起来，管道也称为管路，是介质输送的通道，同化工设备一样是化工生产中不可缺少的部分，使介质按工艺要求流动。管道系统主要由管道组成件和管道支承件构成。管道组成件指连接或装配管道的元件，包括管子、管件、控制附属件等。管子指管路的直线段，圆形管子使用普遍；管件的种类较多，弯头用于管道拐弯，三、四通用于管道分支处，大小头用于管道变径处；控制附属件是附属于管道的部分，主要指各种阀门和检测仪表，如阀门用于流体流量的控制与调节，压力表和流量计主要监测介质的参数。管道支承件主要包括吊杆、支撑杆、鞍

管道单线图
的识读1

图 5-1　化工厂某车间的设备配管图

座、垫板、托座和滑动支架等附着件，保证管路的位置稳定。

如图 5-1 所示为化工厂某车间的设备配管。

二、管子的材料分类

管子的材料多种多样，主要分为两大类：金属材料和非金属材料。化工生产中，最常用的管材是金属材料，由于化工生产中管道连接方式较为固定，一般工艺管道多数为法兰连接，高压管道采用焊接，对于陶瓷管、铸铁管、水泥管采用承插连接，低压流体用的管道如给水、排水管采用螺纹连接。连接方式没有特殊必要时图上不做表示，而用文字说明。各种连接方式如图 5-2 所示。

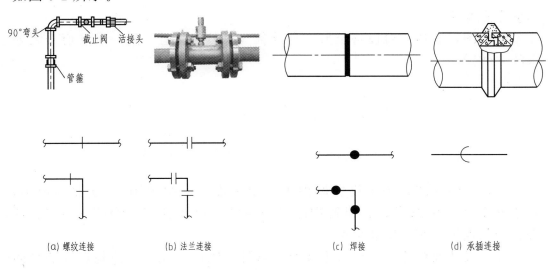

图 5-2　各种连接方式与图示

即学即练

同学们可结合生活中燃气和给排水的输送管路，想一想管路系统都由哪些管子、管件、控制附属件组成，管路的主要作用是什么。

答案：管道系统主要由管道组成件和管道支承件构成。管道组成件指连接或装配管道的元件，包括管子、管件、控制附属件等。管子指管路的直线段，圆形管子使用普遍；管件的种类较多，弯头用于管道拐弯，三、四通用于管道分支处，大小头用于管道变径处；控制附属件是附属于管道的部分，如阀门用于流体流量的控制与调节，压力、流量测试仪表主要是监测介质的参数。

管路的作用是把设备有机连接起来，是介质输送的通道。

课题 二
管道单线图的图示

　　管道的单线图一般是在项目施工图设计阶段绘制的，通常以 PFD 图与 PID 图、设备布置图、化工设备图，及土建、电气仪表、自动控制等相关专业图样和技术资料作为依据，对所需管道进行合理布置与设计后，用单线绘制管道布置图。如图 5-3 和图 5-4 所示为空压站除尘器的配管布置图。

　　管道的单线图包括下列图样。

　　单线绘制的管道布置图，指生产装置区内管道平面、立面布置图及空间位置的系统轴测图。

　　管段图，表达一台设备至另一台设备（或另一管道）间一段管道安装要求的立体图。

一、管道平面布置单线图的图示

（一）管道平面布置单线图

　　（1）一组视图，按正投影原理画一组平面（即俯视图）、立面剖视图，表达整个装置区的设备、建筑物的简单轮廓，以及管道、管件、阀门、仪表、控制点等的布置安装情况。

　　（2）尺寸及标注，注出管道及有关管件、阀门、仪表、控制点等的平面位置尺寸和标高，并标注建筑物轴线编号、设备位号、管段序号、控制点代号等相关内容。

　　（3）方位标，表示管道安装的方位基准。

　　（4）标题栏，注写图名、图号、设计阶段、比例等。

（二）管道布置单线图的视图

　　（1）管道的布置单线图一般只绘制平面图（或称俯视图），当平面图中的局部不够清楚时，可加绘剖视图、局部放大图和轴测图来表达。相应的剖视图和轴测图画在平面布置图所在的图纸上平面布置图边界线以外的空白处（不允许在平面布置图界线内空白处再绘制小的剖视图或轴测图），也可单独绘制。如图 5-3 所示是除尘器设备的配管平面图，为清楚示意高度方向的配管位置，加绘 A—A 剖视图和 5-4 所示的轴测图表达。

　　（2）管道平面布置单线图的配置，一般应按建筑物标高平面分层绘制，将楼板以下的设备和管道全部画出。

管道单线图
的识读 2

笔记

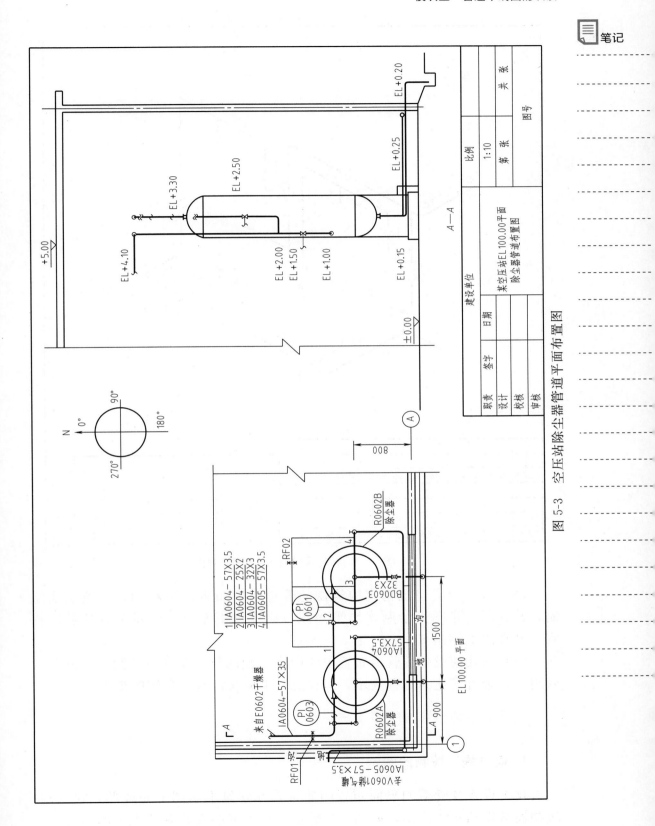

图 5-3　空压站除尘器管道平面布置图

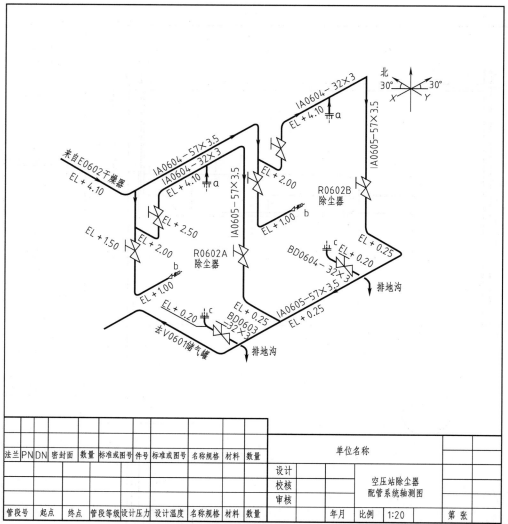

图 5-4　除尘器设备配管的轴测图

（3）对于多层建筑物或构筑物的管道平面布置的单线图，应按层次绘制，若在同一张图上绘制多层平面图，应按由下至上，由左至右的顺序排列，并在图上标注 EL××.×××平面。

（4）当几套设备的管道布置单线图完全相同时，允许只绘制一套设备的管道，其余可简化为方框表示，但在总管上应绘出每套支管的接头位置。

（三）平面布置图的表示方法

1. 建（构）筑物的图示

化工设备及管道的平面布置图通常是在建筑平面图上完成的，建（构）筑物通常以细实线绘制，如图 5-5 所示。与管道的安装布置无关的内容，适当简化。表达的内容与要求如下。

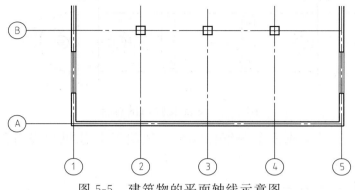

图 5-5　建筑物的平面轴线示意图

（1）与管道布置相关的建（构）筑物应按比例，以细实线画出基本结构，并标注相应的定位轴线与编号，及轴线间的距离。设备和管道平面位置的定位多以轴线作为基准。凡承重墙、柱、梁等主要承重构件的位置所画的轴线，称为定位轴线。定位轴线编号的基本原则是：在水平方向，从左到右用顺序的阿拉伯数字；垂直方向采用拉丁字母（I、O、Z 不用），由下向上编号；数字和字母分别用点画线引出，轴线标注式样如图 5-5 所示。

（2）标注建（构）筑物地面、楼面、平台面及吊车梁顶面的标高。

（3）按比例用细实线画出其他相关设施的位置。

（4）标注各生产区、生活间、辅助间的名称等。

（5）方位标：图中方位标一般标识出设计北向。

2. 设备的图示

设备在管道布置图中不是主要表达内容，用细实线绘制。对设备的图示要求如下。

（1）一般按比例画出设备的外形轮廓、基础所在位置、设备的附件等，并标注设备的定位尺寸。对于定型设备可画其简单外形，动设备如泵、风机等。

（2）应示意出设备的中心线及设备上全部管口，在设备中心线的上方标注与工艺流程图一致的设备位号，下方标注设备支撑点的标高"POS××.×××"，或设备主轴中心线的标高"EL××.×××"，5mm×5mm 的粗实线小正方形表示设备的管口（包括仪表接口和备用管口），并标注代号及管口的定位尺寸，如图 5-6 为一热交换器布置图的图示。剖视图上的设备位号可注在设备近侧或设备内。

（3）按比例示意出卧式设备的底座，标注定位尺寸。如在混凝土基础时，按比例画出基础大小，不标注尺寸。立式容器，应标注裙座位置及标注符号。

笔记

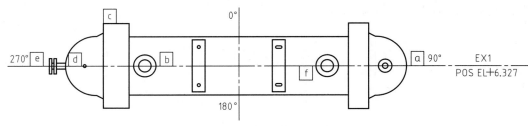

图 5-6　设备及管口的标注

（4）按产品样本或设备图纸标注泵、风机及其他机械设备的管口定位尺寸，同时标写代号。

3. 管道及管件的图示

管道平面图的图示方法用正投影方法，按管道本身在投影面上的表示分双线法和单线法两种。单线法是在投影面上用一根线条画成的管子的图样，用粗实线绘制；双线法是在投影面上用两根线条画成的管子的轮廓线的图样，用中实线绘制，而中心线用细点画线绘制。如图 5-7 所示。

管道布置图中，公称直径大于或等于 250mm 的管道，采用双线表示；公称直径小于 200mm 的管道，采用单线表示。若图中大于 350mm 的管道较多，也或将标准提高到大于或等于 400mm 的管道采用双线；小于 350mm 的管道，采用单线。

（1）单线图表示管道　如图 5-7（c）所示为一立管的三面视图。管子摆放位置不同，其图形也不同。

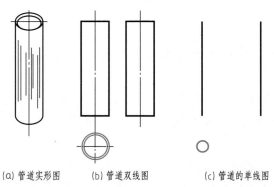

（a）管道实形图　　（b）管道双线图　　（c）管道的单线图

图 5-7　管道实物及单、双线表示的管
道的平面、正立面及侧立面图

一般要求如下：应根据工艺流程图在适当的位置用箭头表示出相应的物流方向。图 5-8 为各种管道规定的单线图的画法。

（2）单线图表示管件　各管件摆放位置不同，其图形也不同。

① 90°弯头的单线图，如图 5-9（b）所示为一左右水平短管与一向上的短立管组成的 90°弯头的三面视图。

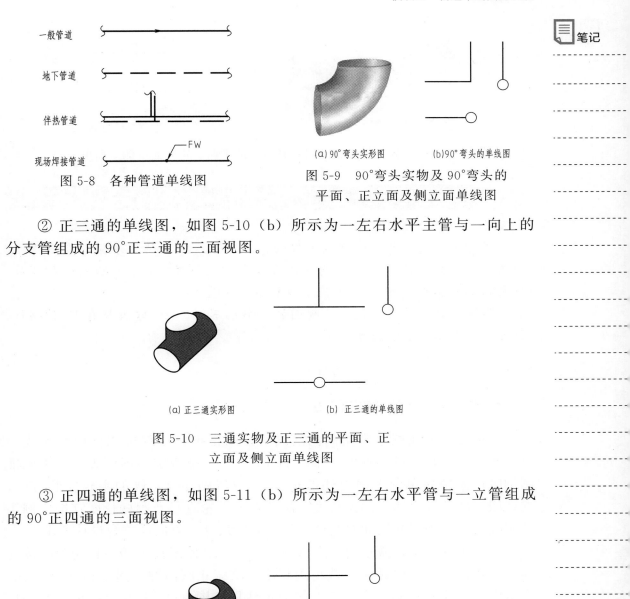

图 5-8　各种管道单线图

（a）90°弯头实形图　　（b）90°弯头的单线图

图 5-9　90°弯头实物及 90°弯头的
平面、正立面及侧立面单线图

② 正三通的单线图，如图 5-10（b）所示为一左右水平主管与一向上的分支管组成的 90°正三通的三面视图。

（a）正三通实形图　　　　（b）正三通的单线图

图 5-10　三通实物及正三通的平面、正
立面及侧立面单线图

③ 正四通的单线图，如图 5-11（b）所示为一左右水平管与一立管组成的 90°正四通的三面视图。

（a）正四通实形图　　（b）正四通的单线图

图 5-11　正四通实物及正四通的平面、
正立面及侧立面单线图

④ 同心异径管的单线图，如图 5-12（b）所示为一左右水平管上的同心异径管的三面视图。

笔记

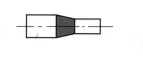 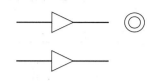

(a) 同心异径管实形图　　　　　　　　　　　　　　　　(b) 同心异径管的单线图

图 5-12　同心异径管实物及同心异径管的平面、正立面及侧立面单线图

即学即练

　　同学们请想一想，管件例如弯头、三通等，摆放位置不同，在三视图的图形一样吗？请考虑，90°弯头有多少种摆放位置？你能画出每一种摆放位置的三视图吗？90°正三通有多少种摆放位置？

　　答案：摆放位置不同，三视图的图形也不同。90°弯头共有 12 种摆放位置。90°正三通有 12 种摆放位置。

4. 阀门及附属件的图示方法

　　管道布置单线图中常用阀门的画法，以正投影原理按比例用细实线画出，通常不按真实投影画出，而按 HG 20519—92 规定的图例表示（无标准图例时可采用简单图形画出外形轮廓）。应特别注意，阀的手轮安装方位，在视图上应予以表达，阀体长度、法兰直径手轮直径及阀杆长度宜按比例用细实线绘出。阀标杆尺寸取其全开位置时的尺寸，方向应符合设计要求。

　　在化工管路中，截止阀（实物如图 5-13）是使用较多的一种阀门，按其连接形式，可分为内螺纹式截止阀和法兰式截止阀两种。图 5-14（a）、（b）表示内螺纹式截止阀的平、立、侧面单线图，图（a）未表示手轮；图 5-15（a）、（b）表示法兰式截止阀的平、立、侧面单线图，图（a）未表示手轮。其他类型的阀门在平面布置图上的表示见附表 4。

图 5-13　截止阀及法兰实物图

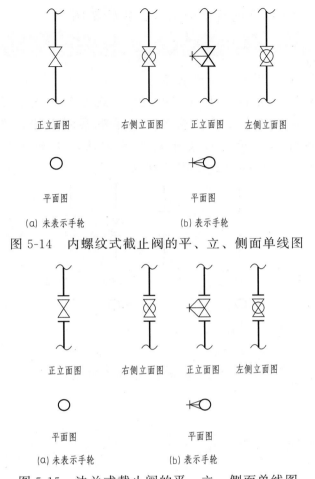

图 5-14　内螺纹式截止阀的平、立、侧面单线图

图 5-15　法兰式截止阀的平、立、侧面单线图

　　安装在设备上的液面计、液面报警器、放空、排液和取样点，及测温点、测压点和其他附属装置上带有管道和阀门的，在管道布置图中也应画出，可不标注尺寸。其图示方法与管道流程图一致，并在该检测元件的平面位置处用细实线和图例连接。

　　管道常用各种形式的标准管架安装并固定在建筑物或支架上，管架的位置应在管道布置图上用符号表示出来，其画法如图 5-16 所示。一般标准支架

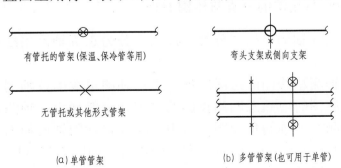

图 5-16　管架的图示

按规定图例示意，非标准的管架应另外提供管架图。

即学即练

控制件阀门在三视图上如何表示？

答案：各类阀门按 HG/T 20519—2009 规定的图例表示，应注意阀的手轮安装方位，在视图上应予以表达，如果观察到手轮，在图例中心用细实线圆绘出。另外需要示意出管子的安装方法，例如法兰连接和螺纹连接。下图所示为法兰连接的截止阀三视图。

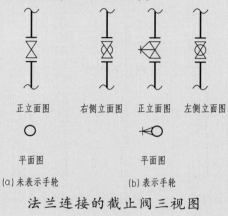

法兰连接的截止阀三视图

二、管道轴测单线图的图示方法

管道轴测单线图是表达自设备间的一段管道及其所连接的管件、阀门、控制点等具体配置情况的空间图。管道轴测单线图是按轴测图投影原理绘制，立体感强，容易识读，有利于施工。但因图样要求表达的内容十分详细，所表达的范围较小，反映的只是个别局部，若要了解整套装置设备与管道安装布置的全貌，应与管道平面布置单线图、立面视图等配合，或设计模型与之配合。

1. 管道轴测单线图的分类与绘图原理

（1）管道系统轴测单线图分类　按图形分为正等轴测单线图和斜等轴测单线图两种。

（2）管道轴测单线图的绘图原理　管道轴测单线图按轴测正投影的原理绘图，识读轴测图时应熟悉轴测投影的规定。一般规定，轴测图的轴测轴有三根，斜等轴测图的轴间角如图 5-17 所示，3 根轴的轴向伸缩变形系数都相等，均为 1。如图 5-17（a）所示，OY 向左斜；如图 5-17（b）所示，OY 向右斜。正等轴测图的轴间角如图 5-18 所示。

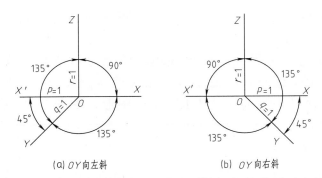

图 5-17　斜等轴测图的轴测轴及轴间角的关系示意图

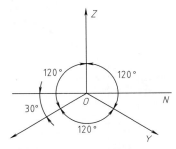

图 5-18　正等轴测图的轴测轴及轴间角的关系示意图

2. 管道轴测单线图的图示方法

管道轴测单线图一般采用斜等轴测图或正等轴测图投影按比例绘制，走向根据轴测图方位标的规定安排，并且应与管道平面布置图上的方向标的北向一致。

管道的空间位置有前后水平走向、左右水平走向、上下走向。管道在斜等轴测图中的方位选定方法如下。

左右水平的管道，可选在 OX 轴及其延长线上（两条或两条以上管道时，为 OX 轴的平行线）；前后水平的管道，可选在 OY 轴及其延长线上（两条或两条以上管道时，为 OY 轴的平行线），一般为左斜。立管（上下走向），可选在 OZ 轴及其延长线上（两条或两条以上管道时，为 OZ 轴的平行线）。

（1）图示规定

① 所在管段均以单线（粗实线）绘制，并在适当位置表示物料流向的箭头。

② 管子与设备相接时，设备一般只画出管口与中心线。

③ 图中需表示出管子与管件、阀门的连接方式，连接方式与管道平面布置图相同，同时示意出阀门手轮与阀杆的方位和位置，如图 5-19 和图 5-20 所示。

④ 在管道轴测单线图中的弯管画成圆角（见图 5-19），并标注弯曲半径。标准弯头及 $R=1.5D$ 的无缝冲压弯头可画成直角，并标注焊缝。

⑤ 管子与坐标轴不平行的斜管，用细实线的长方体来标注此管道的空间位置，如图 5-19 所示。

⑥ 当管道穿越分区界线，分界线应以细点划线画出，在界线外注出延续部分所在的管道平面布置图的图号。如管道需横穿主项边界，边界线以细点划线画出，并在其外侧标注"B.L"字样图形，如图 5-19 所示。

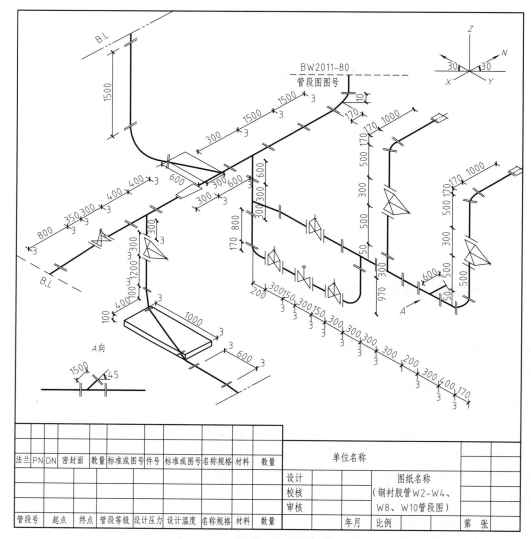

图 5-19　管道正等轴测单线图

⑦ 管段穿越楼板、平台和墙面时，应画出一小段示意图，并注明相应名称和标高。

⑧ 压力表、温度计等仪表与检测元件的图，与管道布置图要求相同，用标准图例绘制。

（2）标注

① 与坐标轴平行的管线、主项边界线、分区界线，以及连接设备的管

口密封面和中心轴线，均可作为管道尺寸标注的基准线。标注的尺寸线与管道平行，尺寸界线应为垂直线。

② 与标注尺寸有关的设备，应画出相关设备的中心线，不必画设备外形，并标注设备位号。

③ 所选的基准点与管道布置图一致，从所选基准点到管道分支处、管道走向改变处、图形分界处的尺寸应一一标明。

④ 垂直管线的尺寸一般用标高示意，不标注高度尺寸。

⑤ 管件、阀门的尺寸标注一般指从基准线到阀门或管件法兰端面的距离。如螺纹或承插焊连接的阀门，在水平管路上尺寸指到阀门的中心线，在垂直管道上指阀门中心线的标高。

⑥ 所有短半径的无缝弯头、管帽、螺纹法兰、管接头、活接头等，须用规定的缩写词在系统轴测图中标注，常用缩写词可查阅附表5所示。

另外，一幅完整的管道系统轴测图除了以上的图示和标注外，还应包括方位标、技术要求、材料表、标题栏等，如图5-19所示。

即学即练

同学们请想一想，在管道的斜等轴测图规定画法中，左右水平管与前后水平管的夹角是多少度？

答案：左右水平管与前后水平管的夹角为135°或45°。轴测图的轴测轴有三根，斜等轴测图有左斜等轴测图和右斜等轴测图两种，斜等轴测图的轴间角如图所示：

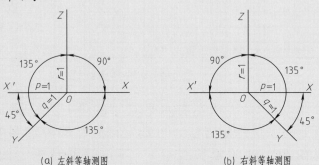

(a) 左斜等轴测图　　　　(b) 右斜等轴测图

规定：左右水平的管道，可选在OX轴及其延长线上（两条或两条以上管道时，为OX轴的平行线）；前后水平的管道，可选在OY轴及其延长线上（两条或两条以上管道时，为OY轴的平行线），一般为左斜。立管（上下走向），可选在OZ轴及其延长线上（两条或两条以上管道时，为OZ轴的平行线）。

3. 管子与管件的斜等轴测单线图

（1）直管的斜等轴测单线图（图5-20）

① 1条直管的斜等轴测单线图。

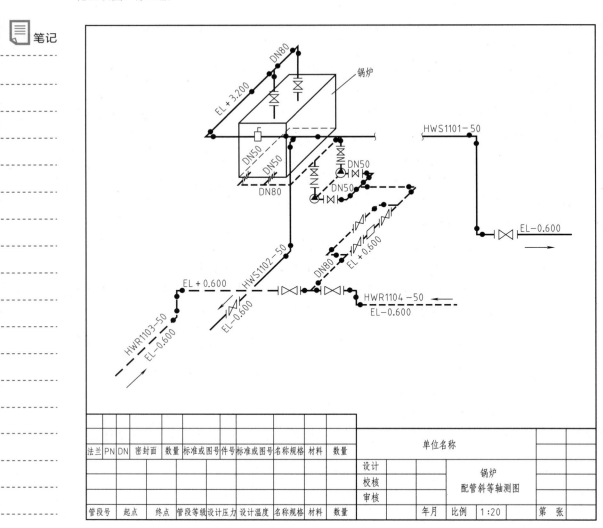

图 5-20　管道斜等轴测单线图

图 5-21（a）所示，是 1 条左右水平直管的平、立、侧面单线图，按管道在斜等轴测图上的方位选定方法，可选定该管在斜等轴测单线图上的方位在 OX 轴上（或在 OX 轴的延长线上）。其斜等轴测单线图如图 5-21（b）所示。

左右水平管在斜等轴测图上的长度，一般从 O 点起沿 OX 轴（或 OX 轴的延长线）直接取直管在平面图上的实长。

同样方法，可据平、立、侧面单线图，画出 1 条前后水平的直管及 1 条立管的斜等轴测图。图 5-21（c）所示是 1 条前后水平的直管的平、立、侧面单线图，图 5-21（d）所示是 1 条前后水平的直管的斜等轴测单线图。图 5-21（e）所示是 1 条立管的平、立、侧面单线图，图 5-21（f）所示是 1 条立管的斜等轴测单线图。

前后水平管在斜等轴测图上的长度，一般从 O 点起沿 OY 轴（或 OY 轴的延长线）直接取该水平管在平面图上的实长。而立管在斜等轴测图上的长度，一般从 O 点起沿 OZ 轴（或 OZ 轴的延长线）直接取该立管在正立面图上的实长。

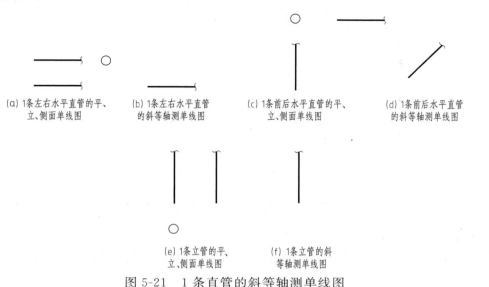

(a) 1条左右水平直管的平、
立、侧面单线图

(b) 1条左右水平直管
的斜等轴测单线图

(c) 1条前后水平直管的平、
立、侧面单线图

(d) 1条前后水平直管
的斜等轴测单线图

(e) 1条立管的平、
立、侧面单线图

(f) 1条立管的斜
等轴测单线图

图 5-21　1 条直管的斜等轴测单线图

② 2 条平行直管的斜等轴测单线图。

图 5-22（a）所示，分别是 2 条左右水平且同一标高的水平直管的平、立、侧面单线图，按管道在斜等轴测图上的方位选定方法，可选定 1 条管在 OX 轴上（或在 OX 轴的延长线上），另 1 条管在 OX 轴平行线上。其斜等轴测单线图如图 5-22（b）所示。

画左右水平斜等轴测图时，一般从 O 点起沿 OX 轴（或 OX 轴的延长线）直接取第 1 条管子在平面图上的实长，在 OX 轴的平行线上再直接取第 2 条管子在平面图上的实长。两管的间距沿 OY 轴（或平行于 OY 轴）按平面图反映的距离量取。

同样方法，可据平、立、侧面单线图，绘制 2 条前后走向且同一标高的水平管和 2 条立管的斜等轴测单线图。图 5-22（c）所示是 2 条前后水平的直管的平、立、侧面单线图，图 5-22（d）所示是 2 条前后水平的直管的斜等轴测单线图。图 5-22（e）所示是 2 条立管的平、立、侧面单线图，图 5-22（f）所示是 2 条立管的斜等轴测单线图。

注意：在斜等轴测图上的管子的长度及 2 条管子的间距。

（2）各种管件的斜等轴测单线图　各种管件摆放位置不同，其方位和斜等轴测图的图形也不同。

① 90°弯头的斜等轴测单线图。

图 5-23（a）分别是 90°弯头的平、立面单线图。可以看出，这是一个处于水平位置的 90°弯头，由 1 根左右走向的短管和前后走向的短管组成。由

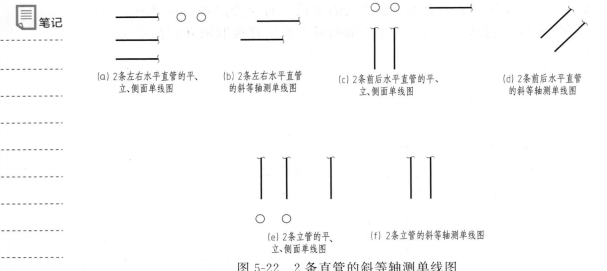

(a) 2条左右水平直管的平、立、侧面单线图　　(b) 2条左右水平直管的斜等轴测单线图　　(c) 2条前后水平直管的平、立、侧面单线图　　(d) 2条前后水平直管的斜等轴测单线图

(e) 2条立管的平、立、侧面单线图　　(f) 2条立管的斜等轴测单线图

图 5-22　2 条直管的斜等轴测单线图

此可选定此 90°弯头在斜等轴测单线图上的方位是：左右走向的短管在 OX 轴上，前后走向的短管在 OY 轴上。90°弯头的斜等轴测单线图分别如图 5-23 （b）所示。

(a) 左右与前后水平的90°弯头的平、立面单线图　　(b) 左右与前后水平的90°弯头的斜等轴测单线图

图 5-23　90°弯头的斜等轴测单线图

画图时，从 O 点起，将 90°弯头的两短管在平、立面图上的实长，分别量在 OX 轴和 OY 轴上。

② 正三通和正四通的斜等轴测单线图。

图 5-24（a）分别是正三通的平、立面单线图，对应的斜等轴测单线图如图 5-24（b）所示。图 5-24（c）分别是正四通的平、立面单线图，对应的斜等轴测单线图如图 5-24（d）所示。

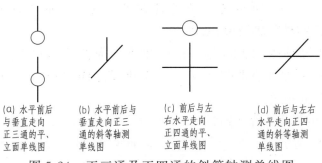

(a) 水平前后与垂直走向正三通的平、立面单线图　　(b) 水平前后与垂直走向正三通的斜等轴测单线图　　(c) 前后与左右水平走向正四通的平、立面单线图　　(d) 前后与左右水平走向正四通的斜等轴测单线图

图 5-24　正三通及正四通的斜等轴测单线图

4. 管子及管件附件在轴测图上图示时的注意事项

（1）绘制管子、管件斜等轴测图时，关键是选定管线方位。一般左右走向的管线选在 OX 轴上，长度是管子在平面图上的长度；前后走向的管线选在 OY 轴上，长度是管子在平面图上的长度；立管选在 OZ 轴上，长度是管子在正立面图上的长度。

（2）绘制管子、管件斜等轴测图时，应注意其摆放位置不同，图形也不同。

（3）阀门等附属件也应按轴测投影法在图上表示，阀门还应示意出手轮位置。

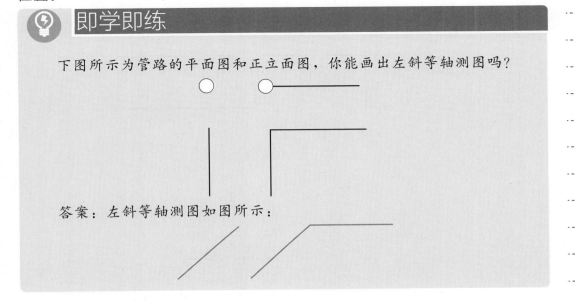

即学即练

下图所示为管路的平面图和正立面图，你能画出左斜等轴测图吗？

答案：左斜等轴测图如图所示：

三、管道剖视图的图示方法

当管道平面位置图及立面图不能清楚明了表达管道、阀门和其他附件详细结构时，用剖视图来表达。如图 5-25（a）所示的剖切位置，此时得到剖视图如图 5-25（b）、（c）所示，要求同时画出被剖切的切断面和未剖切的断面。

识读管路剖视图时应注意：

（1）地平线以上的建筑和设备基础部分用细实线画出，并画出带管口的设备示意图；画出管路上各管件、阀门、控制点的规定符号；管路剖视图的管路线型和管路连接的规定与平面布置图一致。

（2）与平面布置图上标注的定位尺寸、编号及代号一一对应。应标注装置区的定位轴线、标高尺寸，设备定位尺寸，管路定位尺寸，管路的编号，并判断管路的规格和介质流向。

（3）表示与平面图对应的方向标，标题栏，并注写必要的说明。

（4）识读时应与平面布置图上的位置、投影方向对应，并标注在平面布置图上相同的编号。

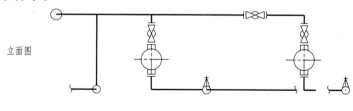

立面图

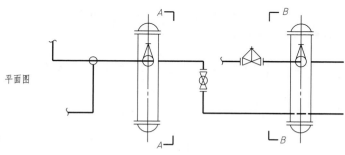

平面图

(a) 管道平面图及立面图

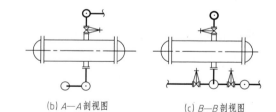

(b) A—A剖视图　　　　(c) B—B剖视图

图 5-25　某设备连接的管道平面图、立面图及剖视图

四、管道的交叉与重叠的图示方法

（一）管子在平面、立面图上的交叉

（1）管子在平面图上的交叉。图 5-26 是 2 条单线绘制的直管的平面图和正立面图。其中 1 管为高管，2 管为低管；当两管在平面图上形成交叉（交叉角为任意角度），其中 1 管未被遮挡，2 管与 1 管交叉处被 1 管遮挡，2 管在被遮挡处断开。

（2）管子在正立面图上的交叉。运用同样方法可画出管子在正立面图上的交叉，如图 5-27 是 2 条单线绘制的直管的平面图和正立面图。1 管在前，2 管在后被遮挡处断开。

结论：画管子单线图交叉时，被挡的管子断开。

笔记

图 5-26　2 条直管在平面图上的交叉　　　图 5-27　2 条直管在正立面图上的交叉

（二）交叉管的斜等轴测单线图

图 5-28（a）所示，分别是 2 条交叉管的平、立、侧面单线图，从图中可看出，这 2 条管子标高不等且走向不同，1 管为左右走向的水平管且位置较高，2 管为前后走向的水平管且位置较低，两管在平面图上交叉，交叉角为 90°。按管道在斜等轴测图上的方位选定方法可选定：左右走向的 1 管在 OX 轴上或在其延长线上，前后走向的 2 管在 OY 轴上或在其延长线上。其斜等轴测单线图分别如图 5-28（b）所示。

画图时，交叉管的斜等轴测单线图在两管交叉处，1 管（位置较高的管）表示完整，2 管（位置较低的管）在交叉处断开。

两管在平、立面图上的实长，直接量在相应的轴及其延长线上，两管编号和在交叉处的上下距离，与平、立面图上的编号和在正立面图上交叉处的上下距离一致。

同样方法，根据平、立面单线图，画出 2 条在正立面图上交叉管的斜等轴测单线图。图 5-28（c）所示，分别是 2 条交叉管的平、立、侧面单线图，图 5-28（d）所示是 1 条立管与 1 条左右水平的直管的斜等轴测单线图。

画图时，交叉管的斜等轴测单线图在两管交叉处，1′管（前管）表示完

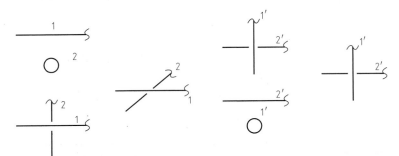

(a) 前后与左右走向交叉的　　(b) 前后与左右走向交叉的　　(c) 立管与左右走向水平管　(d) 立管与左右走向水平管
水平管的平、立面单线图　　水平管的斜等轴测单线图　　交叉的平、立面单线图　　交叉的斜等轴测单线图

图 5-28　交叉管的斜等轴测单线图

笔记

整，2'管（后管）在交叉处断开。

（三）管子在平、立面图上的重叠

管子在平、立面图上的重叠，一般采用的方法是"断高前露低后"，即假想将高管或前边的管中间截去一段，露出位置较低或后边的管子。

管子一般画成单线图，在高（前）的两断口处画成S形折断符号，而低（后）管的两端不画折断符号。

1. 管子在平面图上的重叠

（1）2条直管在平面图上的重叠。图5-29为2条直管的平面图、正立面图和左侧立面图。从图中可知1管为高管，2管为低管；两管在平面图上形成重叠。画图时将1管的两端口各画1个S，与2管端的间距2~3mm，2管的两端不画S。

（2）多条直管在平面图上的重叠。图5-30为3条直管的平面图、正立面图和左侧立面图。从图中可知1管为高管，2管位于中间，3管为低管；3管在平面图上形成重叠。画图时将1管的两端口分别画1个S，2管的两端口分别画2个S，3管的两端不画S。

图 5-29　2条直管在平面图上的重叠　　　图 5-30　3条直管在平面图上的重叠

2. 管子在正立面图上的重叠

（1）2条直管在正立面图上的重叠。同样方法可画出2条直管在正立面图上的重叠。图5-31为2条直管的平面图、正立面图和左侧立面图。

（2）多条直管在正立面图上的重叠。同样方法可画出多条直管在正立面图上的重叠。图5-32为3条直管的平面图、正立面图和左侧立面图。

通过图可以分析各管的位置及相互关系。

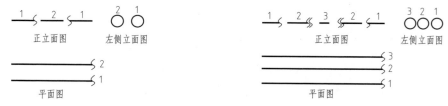

图 5-31　2条直管在正立面图上的重叠　　　图 5-32　3条直管在正立面图上的重叠

即学即练

下图所示为管路的正立面图和左侧立面图，你能画出平面图吗？

正立面图　　　　　　　　左侧立面图

答案：平面图如图所示：

课题 三
管道单线图的识读

一、管道单线图的工程实例及工程说明

（1）图 5-3 和图 5-4 分别为空压站除尘器的配管平面布置图和轴测图，管材为无缝钢管，规格如图所示。空压站的设备布置图如图 5-33 所示。

（2）标号 IA 的管为压缩空气管；标号 BD 的管为排污管。

二、管道单线图的识读顺序和方法

1. 管道单线图的识读顺序

（1）了解情况先浏览；

管道单线图
的识读 3

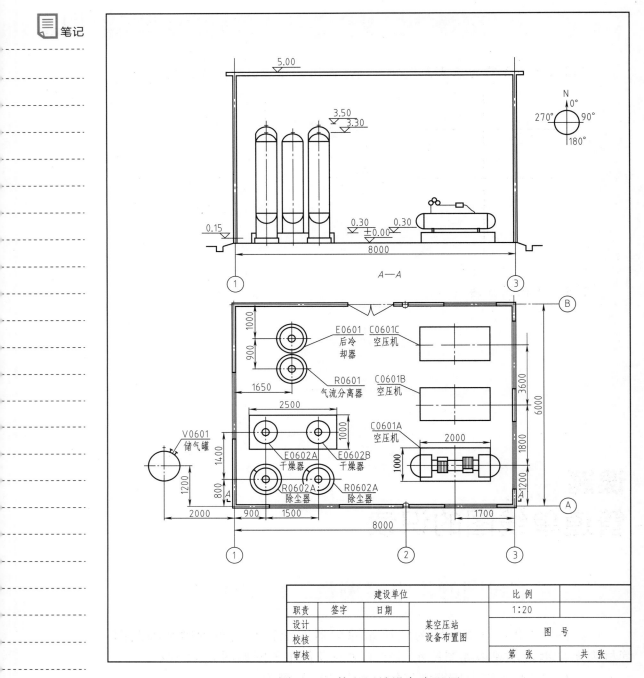

图 5-33 某空压站设备布置图

（2）重点图纸反复看；

（3）安装方法看大样；

（4）技术要求看规范。

一般按流体的流向，先识读 PFD 或 PID 图，其次识读平面图、系统轴测图，再识读剖视图。

2. 管道单线图的识读方法

看管道的平面布置单线图时，先看水平面的平面图，再看相应的立面图、侧立面图，特别注意管道的走向在各平面图的表示。

在完成平面图的识读后，识读单线法绘制的系统轴测图，注意管线的走向与轴测轴的对应关系，前后走向的管线与 OY 轴一致，左右走向的管线与 OX 轴一致，立管与 OZ 轴一致；再读沿各轴测轴方向管线的几何尺寸。

在熟识管道平面布置图的基础上，首先弄清剖切符号（包括剖面位置、剖视方向、剖面宽度）在图上的表示，即先位置、宽度，后方向对剖视面投影，然后按投影方法看剖视图，把剖视图与被剖平面图一一对应看，注意长、宽、高尺寸和管道的变向及各管道间的连接。如果管道与设备直接连接，先要看清设备，再详细分析连接在设备的管道走向及长宽高的尺寸。对于较复杂的管路，可逐根对管道进行分析，然后找出各根管道间的相互关系。

只有对各视图综合且一一对应看，即可弄清管路的来龙去脉。

对于工程图 5-3 读图的方法是：

（1）了解情况　首先应读懂设计说明和了解系统的设备布置情况，其次识读平面布置图，看标题栏，熟悉图例、管线的标识、管材及附属配件的选择。图 5-3 中的管路布置图只表示了与除尘器有关的管路布置情况，图中只绘制了 EL100.00 平面图和一个 $A—A$ 剖视图，图样采用了 1∶10 的比例。

（2）详细分析　看懂管路的来龙去脉，据 PID 图和设备布置图 5-33，找到起点设备和终点设备，从起点设备开始，按管路编号，逐条辨明走向、转弯和分支情况，将平面图与剖视图对照，将其投影关系逐条弄清。

在看懂管路走向的基础上，以建筑定位轴线或地面、设备中心线、设备管口法兰为基准，在平面图上查出管路的水平定位尺寸，在剖视图上查出相应的安装标高，将管路的位置一一确定，然后识读轴测图，掌握整体管子的空间走向。

归纳分析：按介质的流向。

（1）压缩空气管　由平面布置图与系统轴测图（见图 5-4）对照可看出，压缩空气管路的走向为来自干燥器 E0602 的管路 IA0604-57×3.5（标高为 EL＋4.1）自北向南拐弯，然后自西向东，到达除尘器 R0602A 的左侧时分成两路：一路继续向东至另一个除尘器 R0602B；另一路向下，在标高为 EL＋2.0 处又分成两路，一路继续向下，经过阀门（标高为 EL＋1.5）后，在标高为 EL＋1.0 处向东拐弯，经过同心异径管接头后与除尘器 R0602A 的管口相接；另一路（IA0604-32×3）向南至除尘器前后对称面时向上拐弯（标高为 EL＋2.0），经过阀门（标高为 EL＋2.5）后到达标高为 EL＋4.1 处

笔记

向东拐弯，经过除尘器 R0602A 的顶端时，与来自除尘器的管路相连，然后继续向东，再拐弯向下，在标高为 EL＋0.25 处拐弯向南，与来自除尘器 R0602B 的管路 IA0604-57×3.5 相接，出厂房后向上，向后拐弯去储气罐 V0601。

（2）排污管　除尘器底部的排污管 BD0604-32×3 至标高为 EL＋0.2 处向南，穿过墙壁后排入地沟。

检查总结：在所有管路全部分析完毕后，再综合全面地了解管路及附件的安装布置情况，检查有无错漏等问题。

即学即练

按照管道工程图的识读顺序和方法，你能总结一下压缩空气管线的规格、位置和走向吗？

答案：通过平面图和系统轴测图对照，可知压缩空气管道规格为 57×3.5，走向为来自干燥器 E0602 的管路 IA0604-57×3.5（标高为 EL＋4.1）自北向南拐弯，然后自西向东，到达除尘器 R0602A 的左侧时分成两路：一路继续向东至另一个除尘器 R0602B；另一路向下，在标高为 EL＋2.0 处又分成两路，一路继续向下，经过阀门（标高为 EL＋1.5）后，在标高为 EL＋1.0 处向东拐弯，经过同心异径管接头后与除尘器 R0602A 的管口相接；另一路（IA0604-32×3）向南至除尘器前后对称面时向上拐弯（标高为 EL＋2.0），经过阀门（标高为 EL＋2.5）后到达标高为 EL＋4.1 处向东拐弯，经过除尘器 R0602A 的顶端时，与来自除尘器的管路相连，然后继续向东，再拐弯向下，在标高为 EL＋0.25 处拐弯向南，与来自除尘器 R0602B 的管路 IA0604-57×3.5 相接，出厂房后向上，向后拐弯去储气罐 V0601。

三、单线图的识读分析

（1）注意方位，在管道平面布置图上可示意出管路左右和前后水平走向，管路在平面上的定位尺寸一般以建筑定位轴线作为基准。

（2）管道平面布置图应与系统轴测图的方位保持一致。

 —————— 小结

本模块主要讲解管道单线图的图示方法及识读方法。

1. 管道单线图图示方法

包括管道平面布置单线图、管道系统轴测单线图、管道剖视图的图示方法。

（1）管道平面布置图的图示方法：按正投影原理，选择合适的投影面，一般选择水平面布置图（俯视图）。管子、管件、控制附属件的图形与摆放位置有关；当单线绘制管道交叉时，被挡处断开；当单线绘制管道重叠时，断开高管（前）露低（后）管。

（2）管道系统轴测图的图示方法：分为正等和斜等轴测图两种，按轴测正投影的原理，选择合适的轴测投影轴。管子、管件、控制附属件的图形与摆放位置有关，一般左右走向的管线选在 OX 轴上，一般前后走向的管线选在 OY 轴上，一般立管选在 OZ 轴上。

（3）管道剖视图的图示方法：管道剖视图注意剖切位置、投影方向、编号应与图对应，绘图时按正投影方向进行。

2.管道单线图的识读顺序与步骤

（1）管道单线图的识读顺序　了解情况先浏览；重点图纸反复看；安装方法看大样；技术要求看规范。

一般按流体的流向，先识读 PFD 或 PID 图，其次识读平面图、系统轴测图，再识读剖视图、剖面图等各种详图。

（2）管道单线图步骤

① 管道平面图识读步骤：看标题栏了解情况；了解设备的平面布置情况，设备的具体位置、数量、编号等；管道的平面位置、规格、走向、输送介质等；各控制点的位置、类型、数量等详细情况。

② 管道轴测图识读步骤：在完成平面图的识读后，识读单线绘制的系统轴测图，注意管线的走向与轴测轴的对应关系，前后走向的管线与 OY 轴一致，左右走向的管线与 OX 轴一致，立管与 OZ 轴一致；再读沿各轴测轴方向管线的几何尺寸。

③ 管道剖视图、剖面图识读步骤：在熟识管道三面视图（包括水平面图、立面图、侧立面图）的基础上，首先弄清剖切符号（包括剖面位置、剖视方向、剖面宽度）在三面视图上的表示，即先位置、宽度，后方向对剖视面投影，然后按投影方法看剖视图，把剖视图与被剖平面图一一对应看，注意长、宽、高尺寸和管道的变向及各管道间的连接。对各视图综合且一一对应看，即可弄清管路的来龙去脉。

 教学建议

1.在学习此部分内容之前，请带领学生到生产车间参观、认知或通过实物模型，让学生对生产设备，管道及组成的附属控制件有个感性的认识与了解。

笔记

2. 在教学过程中，管道平、立、侧面图及轴测图的规定画法尽可能先通过实物演示，做到理论联系实际。

3. 学生学习过程中，应注意实物或模型与课堂教学的相对应，做到看、讲、学、做一体化的教学模式。

思考与练习

想一想

1. 管子及管件的平、立、侧图形与摆放位置有关吗？单线图绘制的规则是什么？

2. 单线图中，管子与管子交叉、重叠时如何示意？

3. 管子及管件的斜等轴测图图形与摆放位置有关吗？单线绘制的管道斜等轴测图中，管线的方位如何选定？

4. 在斜等轴测图中90°弯头有几种摆放位置？每种摆放位置是多少度？

5. 管道平、立、侧面图识读的顺序和方法？

6. 单线绘制的管道斜等轴测图识读的顺序和方法？

7. 管道剖面图及剖视图的识读的顺序和方法？

做一做

1. 习题图5-1所示为某软化水箱的三面视图。其中管材为镀锌钢管，规格如图。标号1管为软化水箱给水管；标号2管为溢流水管；标号3管为排污管；标号4管为软化水箱出水管；标号5为软化水箱。

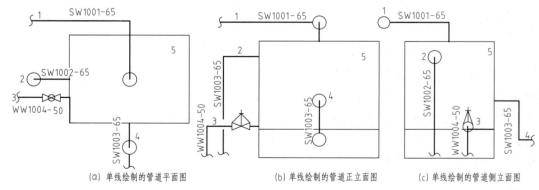

(a) 单线绘制的管道平面图 　　(b) 单线绘制的管道正立面图 　　(c) 单线绘制的管道侧立面图

习题图5-1　水箱配管的正立面、侧立面、平面单线图

按介质的流向，识读习题图5-1，并回答下列问题：

（1）给水管1规格为_____，走向为自左向右拐弯向_____，再拐弯向下和软化水箱的_____相连，给水管共用了_____个弯头，管道的连接方法为_____。

（2）排污管 3 规格为_____，从软化水箱的出口向左，与一个_____阀连接，阀门规格为_____，出截止阀后，流向不变，然后拐向下，到用水点。

（3）溢流管 2 规格为_____，走向为_____，溢流水管用了_____个弯头。

（4）出水管 4 规格为_____，走向为_____，出水管用了_____个弯头。

（5）根据习题图 5-1，绘制排污管 3 单线斜等轴测图。

2. 习题图 5-2～习题图 5-5 所示为某泵房的管道布置图。

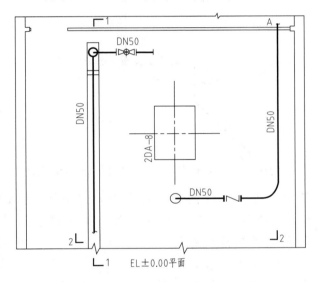

习题图 5-2 管道平面布置单线图

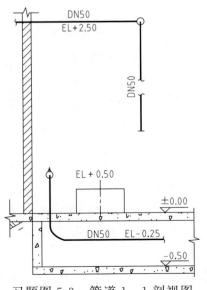

习题图 5-3 管道 1—1 剖视图

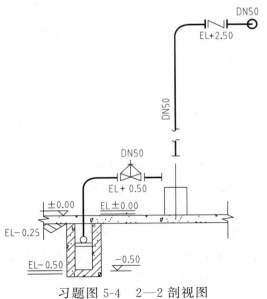

习题图 5-4 2—2 剖视图

笔记

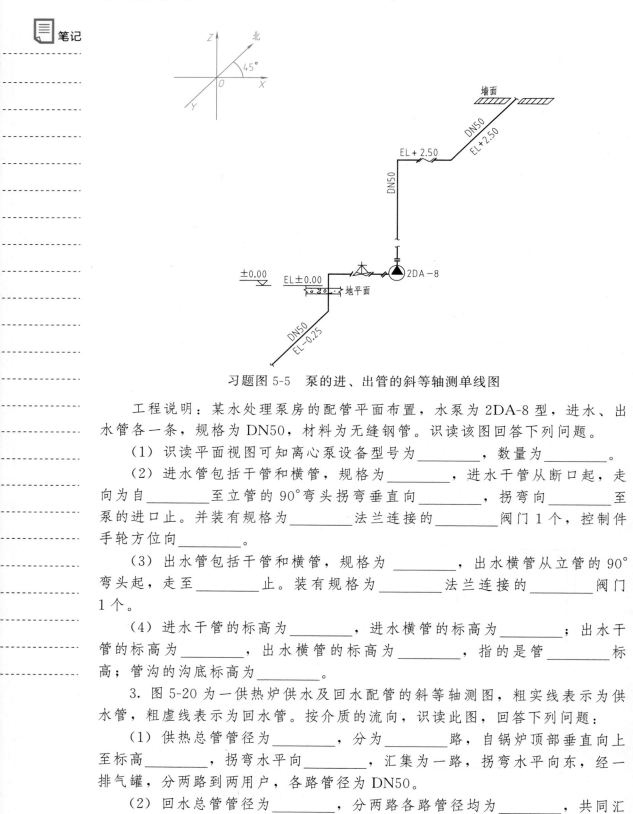

习题图 5-5 泵的进、出管的斜等轴测单线图

工程说明：某水处理泵房的配管平面布置，水泵为 2DA-8 型，进水、出水管各一条，规格为 DN50，材料为无缝钢管。识读该图回答下列问题。

（1）识读平面视图可知离心泵设备型号为_____，数量为_____。

（2）进水管包括干管和横管，规格为_____，进水干管从断口起，走向为自_____至立管的 90°弯头拐弯垂直向_____，拐弯向_____至泵的进口止。并装有规格为_____法兰连接的_____阀门 1 个，控制件手轮方位向_____。

（3）出水管包括干管和横管，规格为_____，出水横管从立管的 90°弯头起，走至_____止。装有规格为_____法兰连接的_____阀门 1 个。

（4）进水干管的标高为_____，进水横管的标高为_____；出水干管的标高为_____，出水横管的标高为_____，指的是管_____标高；管沟的沟底标高为_____。

3. 图 5-20 为一供热炉供水及回水配管的斜等轴测图，粗实线表示为供水管，粗虚线表示为回水管。按介质的流向，识读此图，回答下列问题：

（1）供热总管管径为_____，分为_____路，自锅炉顶部垂直向上至标高_____，拐弯水平向_____，汇集为一路，拐弯水平向东，经一排气罐，分两路到两用户，各路管径为 DN50。

（2）回水总管管径为_____，分两路各路管径均为_____，共同汇合成 DN80 进入除污器内，从除污器出来再分_____路，管径仍为 DN50，进入_____，出来汇合成一路，管径为 DN80，进锅炉前再分为两路，管径为_____。

（3）供水及回水管沿地沟暗敷设，标高为_____，水泵与阀、管子与阀连接采用_____连接，其他管间连接及管与管件、法兰的连接均为_____。

（4）供热总管所需的弯头规格分别为_____和_____，数量各为_____和_____，阀门规格分别为_____和_____，数量各为_____和_____。

（5）回水总管及供热总管所需的阀门种类分别为_____和_____，数量各为_____和_____。

试一试

尝试读附图中的管道布置图，识读步骤：

（1）萃取分离装置区中设备的平面布置情况，找出设备的具体位置、数量、编号等；

（2）了解主要物料预处理物料及 CO_2 流程中管道的平面位置、规格、走向等；

（3）预处理物料及 CO_2 流程中相应控制点的位置、类型、数量等详细情况。

附表 1 管道及仪表流程图上常用阀门图例 (HG/T 20519—2009)

序号	名 称	图 例	序号	名 称		图 例
1	截止阀		10	升降止回阀		
2	节流阀		11	安全阀	角式弹簧式	
3	直流截止阀					
4	节流阀				角式重锤式	
5	闸阀		12	减压阀		
6	球阀		13	角式球阀		
7	碟阀		14	角式截止阀		
8	隔膜阀		15	三通截止阀		
9	旋塞阀		16	四通截止阀		

附表 2 管道及仪表流程图上常用管子及附件图例 (HG/T 20519—2009)

名 称	图 例	名 称	图 例
主要物料管道		喷淋管	
次要物料管道		放空管	
原有物料		漏斗	
蒸汽伴热管道		喷射器	
柔性管		视镜	
翅片管		Y型过滤器	
文氏管		T型过滤器	
消音器		锥形过滤器	
可拆短管		阻火器	
同心异径管		偏心异径管	(底平) (上平)
夹套管			

附表 3　管道及仪表流程图上设备机械常用图例（HG/T 20519—2009）

种类	代号	图　　例
鼓风机 压缩机	C	鼓风机　卧式　立式　离心式压缩机 旋转式压缩机 往复式压缩机　　四段往复式压缩机
塔	T	填料塔　板式塔　喷洒塔　筛板塔　泡罩塔　浮阀塔
反应器	R	固定床反应器　列管式反应器　流化床反应器　反应釜
换热器 冷却器 蒸发器	E	换热器　固定管板式　U形管式　浮头式　釜式　平板式 套管式换热器　送风式空冷器　列管式薄膜蒸发器　蛇管式(盘管式)换热器
容器	V	卧式容器　　立式容器　　填料除沫分离器 旋风分离器　锥顶罐　浮顶罐　湿式气柜　球罐

续表

种类	代号	图例
泵	P	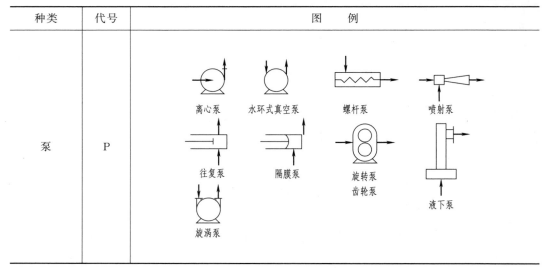 离心泵　水环式真空泵　螺杆泵　喷射泵　往复泵　隔膜泵　旋转泵 齿轮泵　液下泵　旋涡泵

附表4　管道布置图上常用管子及附件图例（HG/T 20519—2009）

名称	图例符号	备注	名称	图例符号	备注
外露管		表示介质流向	闸阀	法兰连接　螺纹连接	应注明型号
管线固定支架					
保温管线			截止阀	（法兰连接）	应注明型号 及介质流向
带蒸汽伴热 的保温管线					
法兰盖(盲板)		注明厚度	止回阀 (单流阀)		应注明型号 及介质流向
8字盲板		注明操作开 或操作关	旋塞阀		应注明型号
椭圆形封头			减压阀		应注明型号
过滤器					
孔板		注明法兰间距	取样阀		
活接头		内外螺纹连接 (需要焊死螺纹 接口时应说明)	疏水器		
快速接头			液动阀 (气动阀)		应注明型号
方形补偿器					
波形补偿器			同心异径管		

附表 5　管道系统轴测图常用的管件和术语的缩写词

管件名称	缩写词	术语名称	缩写词
盲板	BLD	大约近似	APPROX
堵头	P	公称孔径	NB
管帽	C	管件直连	FTF
短管	NIP	隔热	INS
三通	T	不隔热	NO INS
管接头	CPLG	装置区边界	BL
吊架	H	装置边界内侧	IS. B. L
控制阀	CONT. V	支架顶面	TOS
旋塞阀	PV	尺寸	DIM
弯头	ELL	楼面	FL
活接头	UN	现场焊	F. M
法兰	FLG	轴测图	ISO
孔板	ORF	管道平面布置图	PAP
限流孔板	RO	管道仪表流程图	PID
导向	G	接续图	COD
碟阀	BV	公称直径	DN
针形阀	NV	底平面	FOP
偏心异径管	E. R.	顶平面	FOG
同心异径管	C. R.	地面	G. L
异径短管	SN	管顶	TOP
软管接头	HC	标高,立面	EL
管口	NOZ	管底	BOP
支架滑动架	RS	支撑点	POS
闸阀	GV	中心线	Φ
止回阀	CV	常开	N. O
长半径弯头	LRE	常闭	N. C
螺纹短管	TN	突面	RF
螺纹法兰	TF	凹凸	MF
无缝弯头	S. E	榫槽	TG
总管	HDR	法兰面	FLG. F
垫片	GSKT	异径管	RED
定向限位架	DS	公称压力	PN
截止阀	GL. V		
安全泄气阀	SV		

附图

1. 工艺说明

本工程图是利用二氧化碳超临界状态的特性萃取某提纯物的工业化装置设计，它的主要流程为：

（1）预处理过的原料用专用槽车运到车间后，进入物料储罐，经过搅拌加热后，用柱塞泵加压进入萃取釜；在规定的工艺条件下，与进入萃取釜的超临界二氧化碳充分接触，二氧化碳溶解并带出其中的有用成分，经减压、升温后，在解析柱和分离釜中进行解吸和分离；分离得到的产品和副产品经两级减压后进入成品罐和副产品罐；经过一段时间的运行并完成一个批次的操作后，经过减压平衡操作，萃余物（废料）在低压二氧化碳的压力下排出萃取釜内。进入废料罐，然后用槽车运出车间。包括进料、萃取分离、萃取液的收集、萃余物的排出几个过程。

（2）二氧化碳包括新鲜二氧化碳储存和进入循环储罐，经流量检测后经过冷器、循环泵、预热器加压升温后进入萃取釜与物料接触，萃取其中的有用组分后，采用减压升温的方式在解析柱、分离釜中与萃取液分离；分离后的气体二氧化碳经冷凝器冷凝为液体后进入循环储罐循环使用；在本设计中，充分考虑了二氧化碳的回收系统，力求使 CO_2 的消耗降至最低。

2. 管道布置图图例和标注说明

（1）本工程管道布置图所用的图参考 HG/T 20549.2—2009

图中缩写词简要说明：

POS EL　　　　　表示支承点标高

EL　　　　　　　表示管中心标高

BOP EL　　　　　表示管底标高

FTF　　　　　　　表示管件与管件直接连接

B.L　　　　　　　表示界区边界线

（2）管道布置图标注说明

① 管道布置图、管口方位图右上角的方向标"DN"表示超临界萃取装置的设计北向，不表示实际北向。

② 管道布置图中管道标高 EL＋×.×××指管中心标高，BOP EL＋×.×××指管底标高。

③ 管道布置图中凡是与设备管口相接的管道均以设备管口标高计。

④ 管道布置图中立管上阀门标高 EL＋×.×××指阀门中心标高。

3. 工程图绘制参考资料

（1）《化工装置设备布置设计规定》　　　HG/T 20546—2009

（2）《化工装置管道布置设计规定》　　　HG/T 20549—2009

（3）《管架标准图》　　　HG/T 21629—2009

笔记

笔记

参 考 文 献

[1]　董振珂，路大勇. 化工制图 [M]. 3 版. 北京：化学工业出版社，2020.

[2]　姜湘山，吕洁. 管道工识图 [M]. 北京：机械工业出版社，2006.

[3]　周大军，揭嘉. 化工工艺制图 [M]. 北京：化学工业出版社，2005.

[4]　邵泽波. 化工机械与设备 [M]. 3 版. 北京：化学工业出版社，2007.

[5]　赵力贞. 化工识图与制图 [M]. 2 版. 北京：化学工业出版社，2019.

[6]　中华人民共和国化学工业部. 化工工艺设计施工图内容和深度统一规定（HG/T
20519—2009）[S]. 北京：化学工业出版社，2010.